现代生物农药
100问

◎王中康 等 主编

中国农业科学技术出版社

图书在版编目（CIP）数据

现代生物农药 100 问 / 王中康等主编. —北京：中国
农业科学技术出版社，2014.8
ISBN 978 – 7 – 5116 – 1778 – 1

Ⅰ.①现… Ⅱ.①王… Ⅲ.①生物农药 – 问题解答
Ⅳ.①S482.1 – 44

中国版本图书馆 CIP 数据核字（2014）第 172547 号

责任编辑　姚　欢
责任校对　贾晓红

出 版 者　中国农业科学技术出版社
　　　　　北京市中关村南大街 12 号　邮编：100081
电　　话　（010）82106636（编辑室）　（010）82109702（发行部）
　　　　　（010）82109709（读者服务部）
传　　真　（010）82106625
网　　址　http://www.castp.cn
经 销 者　各地新华书店
印 刷 者　北京富泰印刷有限责任公司
开　　本　850 mm ×1 168 mm　1/32
印　　张　6
彩　　插　10 面
字　　数　155 千字
版　　次　2014 年 10 月第 1 版　2014 年 10 月第 1 次印刷
定　　价　25.00 元

《现代生物农药 100 问》
编 委 会

前　言

近年来，全球生物农药产业发展迅速。据《2012—2017 年全球生物农药市场趋势与预测》报告显示，2011 年全球生物农药市场价值达 13 亿美元，2017 年有望达到 32 亿美元，2012—2017 年将以 15.8% 的复合年增长率增长。在市场分布方面，2010 年各地区生物农药市场比重，约为北美地区占 36%、欧洲 25%、亚洲 11%、拉丁美洲 8%、大洋洲与非洲等地区 20%。目前北美地区占据全球生物农药市场的主导地位，欧洲市场由于农药管理制度严格且对天然产品的需求日益增大，有望在将来成为生物农药发展最快的市场。整体来说，欧美仍为市场重心，其中，又以美国为首。据 2013 年美国已登记注册生物农药有效成分 400 种，生物农药产品近 1 250 个。最近一批广谱高效的生物农药新产品又相继问世。与此同时，全球农药巨头纷纷争相收购生物农药企业。2012 年 8 月拜耳公司先后收购了美国生物农药公司、Agro-green 公司和 Prophyta GmbH 公司，2012 年先正达完成对 Pasteuria 公司的收购，巴斯夫公司也完成对 Becker Under-wood 的收购，并与美国生物农药公司 AgraQuest 合作，在巴西推广枯草芽孢杆菌 QST 713 和信息素 Cetro。我国生物农药的发展一直备受各方关注。目前，我国登记生物农药有效成分近 100 种，产品 2 500 多个。生物农药产品约占登记农药总数的 11% ～ 13%，年产量 $12 \times 10^4 t$，防治面积 $2.67 \times 10^7 hm^2$。生物农药占农药市场份额的 5% 左右。全国生产植物源农药、生物化学农药和微生物农药的企业有 200 多家。在国家和社会高度重视和关注农业生产安全、农产品质量安全，生态环境安全的形势下，除了经济效益之外，发展生物农药还具有更大的社会效益和生态效益，因此，作为七大新兴产业之一的生物产业中的生物农药具有广阔的发展空间和发展前景。

为了普及生物农药知识，满足我国广大农户、专业合作社、有机种植及生物农药研发和推广技术人员对生物农药的生物学特性和产品科学使用的学习需求，国内生物农药界的资深专家、学者编著了《现代生物农药 100 问》一书。本书植物源农药由西北农林大学张兴教授编写；细菌杀虫剂和杀菌剂由国家生物农药工程技术中心主任杨自文研究员编写；真菌杀虫剂由重庆大学王中康教授、江西天人集团陈晓燕研究员编写，真菌杀菌剂木霉部分由上海交通大学陈捷教授编写；病毒农药部分由武汉武大绿洲生物技术有限公司的尹宜农研究员编写；微生物源抗生素农药由上海交大生命科学学院何亚文教授编写；生化农药中的植物免疫蛋白激活剂部分由中国农业科学院植物保护研究所邱德文研究员编写；糖链生化农药由中国科学院大连化学物理研究所赵小明研究员编写；昆虫信息素部分由宁波纽康生物技术有限公司杜永均博士编写；天敌昆虫部分由中国农业科学院植物保护研究所张礼生研究员编写。抗病虫草害转基因生物由重庆大学殷幼平教授编写，全书的统一编辑整理由王中康教授完成。

由于时间仓促、水平有限，涉及面广，有不当或遗漏之处，请读者批评指正，以便在本书再版时加以完善。

编者

2014 年 6 月

目　　录

第一章　植物源农药

1. 什么是植物源农药?

答：植物源农药——是指有效成分来源于植物体的农药（从专门的人工栽培或野生的植物体中提取的活性成分）。主要指利用植物体内的次生代谢物质，如木质素类、黄酮、生物碱、萜烯类等加工而成的农药。这些物质是植物自身防御功能及与有害生物适应演变、协同进化的结果。其中的多种次生代谢物质对昆虫具有拒食、毒杀、麻醉、抑制生长发育及干扰正常行为的活性，对多种病原菌及杂草也有抑制作用，是一类天然的生物源农药。

植物源农药的有效成分通常不是单一的一种化合物，而是植物有机体的全部或一部分有机物质，成分复杂多变。按其结构和类别有：植物毒素、植物内源激素、植物源昆虫激素、植物源拒食剂、植物源引诱剂、驱避剂、绝育剂、增效剂、麻痹剂、植物防卫素、植物精油、异株克生物质等。它们一般都包含在生物碱、糖苷、有毒蛋白质、挥发性香精油、单宁、树脂、有机酸、酯、酮、萜等各类物质之中。这些成分都属于植物的次生代谢化合物，是植物在自然环境下与有害生物协同进化的结果，是植物寻求自我保护的产物和对有害生物防御的有力武器。

根据防治对象不同，植物源农药可分为：植物源杀虫剂，主要用于害虫防治，如天然除虫菊素、川楝素等；植物源杀菌剂，主要用于植物病害防治，如苦参碱、蛇床子素等；植物源除草剂，主要用于农田杂草控制，如核桃醌等，但目前商品化的产品尚未见报道；植物源杀鼠剂，主要用于鼠害控制，如莪术醇、雷公藤甲素等；植物源植物生长调节剂，如芸薹素内酯、赤霉素等。另外值得重视的是，多种植物源农药除对病、虫、草、鼠等有害生物具防治效果外，往往还具有刺激作物生长、果蔬保鲜及肥效等多种特殊活性作用。

2. 植物源农药的主要优点有哪些?

答：植物源农药的优点可归纳为以下几点。

（1）对环境友好：植物源农药的主要成分是天然存在的化合物，这些活性物质主要由 C、H、O 等元素组成，来源于自然，在长期的进化过程中已形成了其固定的参与能量与物质的循环代谢途径，受阳光或微生物作用后容易降解或代谢为简单的天然化合物，所以，施用于环境中或作物上，不易产生残留，不会引起生物富集现象。印楝素、川楝素、烟碱、除虫菊素等均易降解，不易残留，对环境安全。

（2）对非靶标生物安全：除个别品种外，目前，市售植物源农药一般毒性较低，对非靶标生物相对安全。植物源农药相对于其他生物源农药来说，其触杀活性和持效期相对较差，而根据综合植物保护"IPP"理论来看，这其实是植物源农药最大的优势之一，对非靶标生物特别是人类来说是非常安全的。

（3）不易产生抗药性：植物源农药从植物中提取而来，大多为多种活性化合物的混合物；同时，植物源农药作用方式多样、机理复杂，植物源农药产品大多是植物材料粗提物（母药）且各活性成分的靶标可能有所不同。由于多种成分协同作用，因此病虫害不易对其产生抗药性。

（4）作用方式特异：植物源杀虫剂除具有和合成杀虫剂相

同的作用方式（触杀、胃毒、熏蒸）外，还表现出一些特异的作用方式，包括拒食、抑制生长发育、忌避、麻醉、抑制种群形成等。上述特殊作用方式并不直接杀死害虫，而是阻止害虫直接为害或抑制种群形成，达到对害虫可持续控制的目的。

（5）可以促进作物生长，提高抗病性：植物源农药产品中除含具有可杀灭病虫草等有害生物的活性成分外，还含有如氨基酸、鞣质、有机酸、醇、酮、酚、醌等成分。这些成分往往与作物的生长及抗逆性有关，故多数产品在田间应用中表现出刺激作物植物生长，提高作物的抗病性和提高植物免疫力的特点。近年来的研究和实践表明，多数产品使用后表现出明显的肥效、增产作用，同时，在调节作物生长，提高植物免疫、抗逆以及产品保鲜方面亦具有一定功效。

（6）种类繁多，开发利用途径多：研究已经发现有6 000余种植物具有控制有害生物的活性，研发的候选资源非常丰富。对自然资源中含量高的植物可直接开发利用，即将植物本身或其提取物加工成农药商品；对那些在植物体内含量甚微，但生物活性较高的化合物，可进行全人工仿生合成利用；对那些含高活性物质，但化合物难以人工合成或植物体本身不易获得，如珍稀物种、难以栽植或生物收获量很少的植物种类，可采用细胞培养等技术进行生物合成利用。

3. 与化学农药相比，植物源农药有何不足？

答：与化学农药相比，植物源农药的不足主要表现在以下几个方面。

（1）速效性差：相比化学农药，大多数植物源农药速效性差，不适用于防治突发性、爆发性及发生比较严重的病虫害。

（2）持效期较短：植物源农药有效成分易降解，相比化学农药，其持效期较短。这一情况，可通过对植物源农药制剂配方的改良优化进行改善。但易降解的特点，也使植物源农药可以安全的应用于收获前的农产品中。

（3）需提前用药、二次稀释：与化学农药相比，植物源农药以预防为主，治疗为辅，施用时应抓准用药时机，提前用药效果好。一般是在病虫害零星发生时或是之前用药最佳，当病虫害发生普遍甚至比较严重时往往达不到理想的防治效果。由于活性成分复杂，所以对植物源农药配药时，需要进行二次稀释，以使其溶解更充分，分布更均匀，提高用药效果，防止药害发生。

（4）易光解：多数植物源农药在强光下容易加快分解并失去活性，同时，干旱、低温一般不利于药效的发挥，因此，应在傍晚避光条件下施用，夏季可在太阳落山时或是阴天的傍晚施药，冬季前后则选择在傍晚闭棚后施药为宜。

4. 与其他生物源农药相比，植物源农药有何优势？

答：相比其他生物源农药，植物源农药具有显而易见的优势。

（1）活性成分多样，多种成分协同作用，不易产生抗药性：植物源农药其原药为天然活性物质，且大多是植物材料粗提物（母药）；其活性成分多种多样，各活性成分的靶标也不尽相同，因此，病虫害不易对其产生抗药性。

（2）对环境友好，对非靶标生物安全：植物源农药的主要成分是天然存在的化合物，稳定性好，不易产生残留，不会引起生物富集现象，对生态环境友好；植物源农药相对于其他生物源农药来说，其触杀活性和持效期相对较差，而根据综合植物保护"IPP"理论来看，这其实是植物源农药最大的优势，对非靶标生物特别是人类非常安全。

（3）具保健活性，可以提高植物的免疫力：植物源农药中除含具有可杀灭病虫草等有害生物的活性成分外，还含有如氨基酸、鞣质、有机酸、醇、酮等营养成分，尽管这些成分不表现明显的农药活性，但近年来的研究和实践表明，植物源农药使用后表现出明显的肥效、增产作用，同时，在调节作物生长，提高植物免疫、抗逆以及产品保鲜方面亦具有明显功效。

5. 植物源农药有哪些作用机理?

答：植物源农药品种较多，具有的生物活性也较为丰富，但最主要的还是杀虫活性、抑菌活性和诱导或激发植物免疫活性。

植物源杀虫剂因品种不同，杀虫作用机理各不相同，常通过影响昆虫的神经肌肉系统、消化系统、生长发育和呼吸代谢等来防治害虫。如鱼藤酮通过阻断呼吸链影响昆虫的呼吸；印楝素影响前胸腺对蜕皮甾酮类的合成和释放、咽侧体对保幼激素的合成与释放，从而干扰昆虫内分泌活动，使这些激素参与昆虫生长发育的过程受到影响；烟碱主要作用于突触后膜上的乙酰胆碱受体，阻断昆虫的神经传导；除虫菊素类成分则主要作用于神经膜上的 Na^+ 离子通道，使昆虫持续兴奋而死亡。苦皮藤素 V 可以破坏昆虫的中肠而使昆虫死亡。

植物源杀菌剂作用机理主要包括：抑制菌丝生长、产孢，体外钝化病毒以及诱导寄主产生抗性、增强寄主的生长及繁殖能力、保鲜及贮藏能力。比如，小檗碱，可以干扰病原菌体内代谢，从而影响其生长和繁殖，也可以产生不可逆的抑菌作用；还能抑制病原菌的糖代谢过程中的丙酮酸氧化，使细菌对维生素 B_6 和烟酰胺等的利用受到限制，产生抑菌作用。此外，还能抑制菌体的 DNA、RNA、蛋白质和脂类的合成，从而影响菌体的繁殖。

值得关注的是植物源农药在防治作物病虫害的同时，大多数品种还能够刺激植物生长，提高植物抗逆性和抗病性。如目前常用的苦参碱、大蒜素、木（竹）醋液和鱼藤等在杀虫抑菌活性之外，都表现出明显的调节植物生长作用。

6. 我国登记的植物源农药主要产品及其性能？

答：目前，植物源农药在注册登记时环境行为和残留资料可以申请减免，促进了植物源农药的开发，截至 2013 年 6 月，国内处于有效登记状态的植物源农药有效成分有 30 个，产品总数303 个。

（1）植物源杀虫剂：

① 印楝素。登记制剂：0.3%、0.5%、0.6%、0.7% 乳油，1% 苦参·印楝素乳油，防治对象：十字花科蔬菜小菜蛾、菜青虫，茶树茶毛虫，柑橘树潜叶蛾等（彩图 1–1）。

② 苦参碱。登记制剂：0.3%、0.5%、0.6%、1.0%、1.3%、2% 水剂，0.3%、0.5%、1%、1.5% 可溶粉剂，防治对象：十字花科蔬菜菜青虫、蚜虫、果树红蜘蛛、茶树茶尺蠖等（彩图 1–2）。

③ 鱼藤酮。登记制剂：2.5%、4%、7.5% 乳油，防治对象：十字花科蔬菜蚜虫、小菜蛾等（彩图 1–3 和彩图 1–4）。

④ 藜芦碱。登记制剂：0.5% 可溶粉剂，防治对象：甘蓝菜青虫、棉花棉蚜、棉铃虫等。

⑤ 烟碱。登记制剂：10% 乳油，0.6%、1.2% 烟碱·苦参碱乳油，3.6% 烟碱·苦参碱微囊悬浮剂，1.2% 烟碱·苦参碱烟剂，防治对象：甘蓝蚜虫、菜青虫、美国白蛾、烟草烟青虫、松树松毛虫等。

⑥ 除虫菊素。登记制剂：1.5%水乳剂，0.2%、0.6%、0.9%杀虫气雾剂，1.8%热雾剂，0.1%驱蚊乳，40mg/片电热蚊香片，防治对象：叶菜蚜虫、蚊、蝇、蜚蠊、跳蚤等。

⑦ 蛇床子素。登记制剂：0.4%乳油，防治对象：十字花科蔬菜菜青虫、茶树茶尺蠖等。

⑧ 苦皮藤素。登记制剂：1%乳油，防治对象：十字花科蔬菜菜青虫。

⑨ 桉油精。登记制剂：5%可溶粉剂，防治对象：十字花科蔬菜蚜虫。

⑩ 松脂酸钠。登记制剂：20%、45%可溶粉剂，30%水乳剂，防治对象：柑橘树介壳虫、矢尖蚧、红蜡蚧等。

（2）植物源杀菌剂：

① 苦参碱。登记制剂：0.3%乳油，0.3%可溶粉剂，0.3%、0.5%水剂，3%水乳剂，防治对象：黄瓜霜霉病，梨黑星病、马铃薯晚疫病、烟草病毒病等。

② 蛇床子素。登记制剂：1%水乳剂，防治对象：黄瓜白粉病。

③ 丁子香酚。登记制剂：0.3%可溶粉剂，2.1%丁子·香芹酚水剂，防治对象：番茄灰霉病。

④ 乙蒜素。登记制剂：20%、30%、41%、80%乳油，25%氨基·乙蒜素微乳剂，防治对象：黄瓜角斑病、霜霉病，棉花枯萎病，辣椒炭疽病，水稻稻瘟病、烂秧病，苹果叶斑病等。

⑤ 低聚糖素。登记制剂：0.4%、6%水剂，防治对象：水稻纹枯病、小麦赤霉病、胡椒病毒病。

⑥ 大黄素甲醚。登记制剂：0.1%、0.5%水剂，防治对象：黄瓜白粉病、番茄病毒病。

（3）植物源杀鼠剂：

① 莪术醇。登记制剂：0.2%饵剂，防治对象：森林鼠害，

农田田鼠。

② 雷公藤甲素。登记制剂：0.25mg/kg 颗粒剂，防治对象：农田田鼠。

（4）植物源生长调节剂：

① 芸薹素内酯。登记制剂：0.01%可溶粉剂，0.01%可溶粉剂，0.01%乳油，0.001 6%、0.004%、0.01%水剂，作用对象：花生、梨、草莓、茶树、番茄、黄瓜、小白菜、柑橘、荔枝、葡萄、香蕉、棉花、水稻、小麦、大豆、玉米、烟草。调节生长，使梨、草莓、茶树、小白菜、棉花、水稻、小麦、玉米增产。

② 羟烯腺嘌呤。登记制剂：0.000 1% 可湿性粉剂，0.000 4%、0.002 5%、0.001%、0.004%烯腺·羟烯腺可溶液剂，0.000 2%、0.001%烯腺·羟烯腺水剂，作用对象：大豆、玉米、水稻、柑橘、番茄、茶叶等。调节生长。

7. 如何科学评价植物源农药的田间效果？

答： 农药田间应用效果评价是在进行室内毒力测定的基础上，在田间自然条件下检验某种农药防治有害生物的实际效果，通过田间应用效果评价，确定其是否具有推广应用价值的主要环节。评价主要分为两类：一类是以药剂为主体的系统田间试验，主要包括田间药效筛选、田间药效评价、特定因子试验等；另一类是以某种防治目标为主体的田间药效试验，如对某种防治对象筛选出最有效的农药，确定最佳剂量、最佳施药次数、施药时期及最佳施药方法等。

植物源农药的杀虫杀菌活性不同于化学农药，植物源农药选择性强，对人畜安全，对生态环境影响小，同时植物源农药还具有诱导植物产生抗性、调节植物生长、作为药肥等功效，但植物源农药在田间应用时，存在见效慢、活性成分比较复杂、杀虫防病作用机理独特以及易受环境条件影响等问题。因此，在评价植物源农药田间应用效果时，不能以传统的化学农药评价方式进行评价，如杀虫药效评价以死亡率来评价，而应采用以下方法来科学评价植物源农药的田间应用效果。

（1）植物源杀虫剂田间药效评价

①虫口减退率（％）＝［（防治前活虫数－防治后活虫数）/防治前活虫数］×100

校正虫口减退率：①药剂处理区因施药虫口下降，对照区虫口增加时：

校正虫口减退率（％）＝［（处理区虫口减退率－对照区虫口减退率）/（100＋对照区虫口增加率）］×100

②药剂处理区和对照区虫口均减退时：

校正虫口减退率（％）＝［（处理区虫口减退率－对照区虫口减退率）/（100－对照区虫口减退率）］×100

③药剂处理区和对照区虫口均增加时：

校正虫口减退率（％）＝［（处理区防治后虫口数量－对照区防治前虫口数量）/（处理区防治前虫口数量－对照区防治后虫口数量）］×100

被害率：由于植物源农药的一些特殊生物活性，在调查时找不到害虫或不能数清时使用被害率来调查药效。

被害率（％）＝［被害叶（片、株等）数/调查数］×100

保产效果：考察植物源农药使用后的经济效益时，计算保产效果。

保产效果（％）＝［（处理区产量－对照区产量）/对照区产量］×100

相对防效：采用危害指数评价植物源农药防效

相对防效（％）＝［（对照区危害指数－处理区危害指数）/对照区危害指数］×100

另外，由于植物源农药的一些特殊生物活性，在进行田间药效评价时，可参照田间植株的生长情况、害虫种群的总体消涨情况、害虫个体生长发育等采用"虫日法"、"校正虫日法"来综合评价。

（2）植物源杀菌剂田间药效评价

植物源杀菌剂的田间药效评价可参考化学农药的评价方法，采用病情指数、相对防治效果等方法进行评价。

病情指数 = ［∑（病级叶数 × 该病级值）/（检查总叶数 × 最高级值）］ × 100

相对防治效果（%）= ［（对照区病情指数 - 处理区病情指数）/对照区病情指数］ × 100

绝对相对防治效果（%）= ［（对照区病情指数增长值 - 处理区病情指数增长值）/对照区病情指数增长值］ × 100

同样，由于植物源农药的一些特殊生物活性，在进行田间药效评价时，可参照田间植株的生长情况、病害在田间的发展情况等来综合评价。

（3）植物源农药田间试验效果的结果统计分析

植物源农药在田间使用后，通过不同方法获得其应用效果数据，可采用 SPSS、SAS、Excel 等软件或统计工具进行统计，评价植物源农药田间应用效果。

（4）植物源农药田间试验注意事项

① 选择植物源农药防治的对象经常发生的地域，一般选择大片作物田的中间地块进行试验，同时要考虑试验地块的地势、土质、试验地的农作物长势以及试验对象和非试验对象的发生轻重。

② 对试验地要进行合理规划和试验设计，划分小区面积，并确定划分小区的形状与大小，设置好对照区、隔离区以及保护行，减少外界因素的干扰及处理间的相互影响。

③ 植物源农药小区施药时所有处理应使用同一施药工具并严格按照同一操作规程施药，在每个施药的试验小区设置醒目的处理标志；植物源农药施药时要求施药均匀，速度均一，最好为 1 人完成；同样在施药时，用量具准确取药，采用二次稀释法稀释药液。

④ 在田间施药时，应记录施药时间、防治对象的为害程度、种群密度、病情指数以及温度、湿度等参数。

8. 植物源农药的科学使用技术？

答： 植物源农药的科学使用技术包含以下 3 个方面。

（1）正确选择农药品种，做到对症下药。中医理论强调对症下药，才能药到病除，植物源农药与中药有相似之处。尽管许多植物源农药具有较为广泛的生物活性，可同时防治多种虫害或病害，但植物源农药不是"神药"，每一种植物源农药都有其最擅长的防治对象。比如，鱼藤酮和除虫菊素均可以防治红蜘蛛和菜青虫，但是，在相同条件下，鱼藤酮对红蜘蛛的活性要比对菜青虫的活性高，而除虫菊素对菜青虫的活性要比对红蜘蛛的活性高。因此，当作物上发生红蜘蛛为害时，优先选择用鱼藤酮进行防治，而当作物上有菜青虫为害时，优先选择除虫菊素。一般情况下，在选择植物源农药时，要选择正规生产厂家的合格产品，要注意看该产品包装上的使用说明，注意它登记的主要防治对象是否与要防治的病虫草鼠害相吻合。在多种病虫害混合发生时，可有针对的选择几种植物源农药进行混用或与其他生物源农药混合使用，做到有的放矢，才能取得良好的防治效果。

（2）提前施药、防病于未然。植物源农药没有化学农药那样高效，其杀虫防病作用速度也相对缓慢，其特点是作用方式特殊，除了具有杀虫防病的作用外，往往还具有调节植物抗病

（虫）能力的作用，因此，用植物源农药防治病虫害，应根据它的特点，选择好用药时期，才能取得良好的防治效果。一般而言，使用植物源杀虫剂防治虫害应采用遵循"治早、治小"的原则，即在虫害发生初期，大多数害虫处于低龄幼虫时用药。用植物源杀菌剂应采取"预防为主"的原则，尽可能在发病前和发病初期用药，这样既可以起到防虫治病的作用，又可以让作物强身健体，提高作物自身抵抗病虫害的能力。

（3）早晚使用、常量喷雾。除了植物源农药品种、用药时期选择是否得当以外，在使用植物源农药防治病虫害时，一些小的细节也会在一定程度上影响植物源农药药效的发挥。植物源农药的活性成分大多含量较低，在阳光下和空气中容易分解，因此，选择傍晚喷药或阴天喷药的防治效果往往比在大太阳暴晒下喷药的防治效果好。另外，植物源农药大多不具有内吸作用，只能杀死接触到的害虫和病菌，因此，植物源农药大多适合于常量喷雾，而且喷雾要周到均匀，不宜采用低容量喷雾或超低容量喷雾。

（4）二次稀释提高防效。在配药的时候，可先将把植物源农药用少量的水混合均匀后倒入药桶中，再加入剩余的水搅拌均匀。或者先往药桶里加入1/3的水，倒入药剂搅拌均匀，后放置5min，再把剩余的水加到药桶里搅拌均匀后喷雾，这种配药方法称为"二级稀释法"。这样配出来的药液中药和水混合均匀，防治效果自然会更好。另外，在配药的时候水的温度也很重要，冬季或北方寒冷地区，特别是在设施农业区施药，通常水温应当在20℃以上，配药温度低于20℃，药效会明显下降。对于喷雾时难以湿润的植物，配药时加入适量的洗衣粉可以显著提高药剂的防治效果。

9. 除表现直接杀虫抑菌活性外，植物源农药还有哪些特殊的生物活性？

答：植物源农药在防治作物病虫害的同时，大多数品种能够刺激植物生长，提高植物抗逆性和抗病性。植物源农药大多是植物材料粗提物。所以，其产品中除含具有可杀灭病虫草等有害生物的活性成分外，还含有如氨基酸、鞣质、有机酸、醇、酮等成分，对作物具有明显的促生作用。

植物源农药异于合成农药的主要原因是：其原药为天然活性物质，且大多是植物材料粗提物（母药）。植物源农药产品组成中除活性成分外，还含有如氨基酸、鞣质、有机酸、醇、酮等成分，尽管这些成分未表现明显的农药活性，却对作物生长具有调节植物生长、肥效、保鲜以及诱导抗逆性等特殊功能。一般情况下，人们往往关注植物源农药的杀虫、杀菌效果，而忽略了其他特殊功能。

（1）促生功能：植物源农药的活性成分可以直接作用于植物本身，对植物的代谢和生长起着有效的调节作用。如目前常用的植物源农药如苦参碱、大蒜素、木（竹）醋液和鱼藤等除表现杀虫、抑菌活性之外，还表现出明显的调节植物生长作用。比如，苦参碱能促进黄瓜子叶叶柄基部的生根作用，生根数最多超过对照70.2%，同时也促进根生长；大蒜素植物促保液能使蔬菜田病虫害发生机率变小，增产效果明显；竹醋液能显著提高黄瓜、芹菜、番茄等多种瓜果蔬菜的产量，改善其品质，此外，木醋液对人参根的质量、根长、根粗和侧根数均有显著促进作用。

（2）肥效功能：植物源农药来源于自然，富含 N、P、K 及微量元素，科学的生产加工和使用能为植物提供相应的植物源功能营养物，并通过影响植物自身代谢起到传统肥料所不及的作

13

用。比如，提取印楝素后留下的印楝渣饼（Neem cake）富含 N、P、K、Ca、Mg 和 S 元素，可作为优良的有机肥料给植物以充足养分。另外，植物源农药生产中所产生的残渣可直接开发成为植物源有机复合药肥。

（3）保鲜功能：与化学合成的保鲜剂相比，植物源防腐保鲜剂具有无毒、无害、无残留，环境相容性好，对人、畜、天敌等非靶标生物安全等优点，因此，植物源保鲜剂一直是保鲜剂领域研究开发的热点，特别是植物精油保鲜剂。比如，橙叶油、丁香罗勒油、桂叶油、大蒜精油、柠檬草油、肉桂油、冷榨橘子油、丁蕾油和丁香叶油等植物精油具有较强的防腐保鲜作用，均能极显著的抑制采后油桃、番茄、苹果和杏等蔬果在室温高湿条件下的腐烂变质，同时能改变保护酶活性、延缓果实采后软化、推迟呼吸高峰出现，从而延缓果实采后衰老，延长贮藏期。

（4）植物源农药的诱导抗逆功能：植物源农药对作物具有重要保健调节功能，能够有效调节作物的生长，诱导作物产生对高温、低温、高湿、干旱等恶劣环境进行自我克服、健康生长的特殊功能。植物源农药中的某些成分如壳聚糖、壳寡糖能够显著提高作物的免疫力，抵抗部分病原菌的发生；有些成分（比如，糖蛋白）能够激活作物信号通路，引起作物体内病程相关蛋白等的变化，以此来抵抗病原菌的侵入和发展，减轻和防止病害的发生。

10. 植物源农药的发展前景如何？

答：随着现代科技的迅猛发展和人们对食品安全的日益重视，我国植物源农药越来越受到人们的关注。近些年，国家相继制定有关政策以调整农药产业结构，不断发展高效、低毒、低残留的生物农药品种。在农药产品登记方面，生物农药也得到了一定的优惠政策，尤其是针对植物源农药的优惠力度更大。在国家政策的大力扶持下，植物源农药作为生物农药中的重要组成部分正在逐步壮大和迅猛发展。

尽管植物源农药的优势备受关注，但其仍然具有一些不足。如：品种单一、占用资源、持效期短、稳定性不够等问题。近年来，国内各大农药公司和科研单位投入大量人力、物力研发新型的植物源农药以弥补这些不足。为了克服植物源农药品种少的问题，研究人员对我国丰富的植物资源进行了大量的筛选工作，找到了一些具有开发价值的植物品种，逐步改变植物源农药品种较少的局面。面对植物源农药生产过程中某些植物资源紧缺的问题，除了人工种植外，研究人员还将生物工程技术运用到植物源农药研发生产中来，通过利用植物组织培养技术大量生产植物源农药，从而解决了某些植物资源短缺的问题。植物源农药在环境中易降解，具有较好的环境相容性，但对于如何有效延长植物源农药的持效性却是一个极大的考验，科研人员加强了植物源农药的物理、化学特征和生理机制的研究，在研制高效、安全、合理的植物源农药新剂型的过程中做了大量工作，并取到了重大突破，将逐步解决这一问题。

在政府的扶持下，市场的引导下，公众和媒体对农药残留和食品安全密切关注下，植物源农药正面临着所未有的机遇和挑战。在考虑植物源农药具有安全、低残留优势的同时，如何实现其效果不逊于化学农药，且价格与化学农药相当，是当代植物源农药研究人员努力的方向。相信在现代生物技术和其他先进科学技术的引领下，在政府和企业的重视下，研究人员将会开发出更多、更好的植物源农药产品服务于农业生产。

第二章 细菌微生物农药

11. 什么是细菌微生物农药?

答:细菌农药(bacterial pesticide):是指利用细菌或其代谢产物针对农作物病虫害进行抑制或杀灭的生物菌剂,是生物农药中重要种类之一。有效成分为具有杀虫抑菌生物活性的、无核膜的原核细胞构成的微生物农药。按照其功能主要分为杀虫剂和杀菌剂,前者用于杀灭或防治多种农作物的靶标害虫,如常见的苏云金芽孢杆菌可湿性粉剂;后者主要用于防控或抑制农林作物病害如抑病的枯草芽孢杆菌悬浮剂和拌种剂。由于其具有毒性低、对人畜安全,不污染环境等优点,使其在现代农业生产中经常被使用。

12. 常见杀虫防病的细菌微生物农药有哪些?

答:细菌杀虫剂的主要品种有:苏云金芽孢杆菌(*Bacillus thuringiensis*,简称 Bt)(彩图 2 – 1 和彩图 2 – 2)、球形芽孢杆菌(*Bacillus sphaericus*,简称 Bs)、金龟子芽孢杆菌(*Bacillus popillia*,简称 Bp)。细菌杀菌剂的主要品种有:枯草芽孢杆菌(*Bacillus subtilis*,简称 Bs)(彩图 2 – 3 和彩图 2 – 4)、荧光假单胞杆菌(*Pseudomonas fluorescens*,简称 Bf)。在这些细菌农药品种中,研究最深入、产业化做得最好的是苏云金芽孢杆菌、阿维菌素和甲基阿维菌素杀虫剂、防治多种病害的枯草芽孢杆菌细菌农药；在肥料、饲料和水体修复上也有应用。球形芽孢杆菌是一种用于防治蚊子幼虫（孑孓）的细菌农药，它与苏云金芽孢杆菌以色列亚种配合使用效果较好。

13. 苏云金芽孢杆菌（Bt）的杀虫防病的作用机理是什么？

答：Bt 是一种有芽孢的杆状细胞。菌体呈粗杆状，周身生有鞭毛。苏云金芽孢杆菌主要通过其自身产生的一种杀虫晶体蛋白（Insecticidal crystal proteins，ICPs）来完成杀虫过程。这种蛋白是位于菌体芽孢旁的蛋白质晶体，又称伴孢晶体毒素、δ-内毒素。δ-内毒素 65 ℃ 1 h 或 80 ℃ 20 min，仍能保持活性。它只溶于碱性溶液如昆虫中肠的碱性消化液。菌体长到一定阶段后就能把形成的伴孢晶体和芽孢释放出来，毒素随害虫取食进入消化道后使害虫中毒死亡。杀虫晶体蛋白对昆虫的主要作用模式是肠壁穿孔，具体机理如下所述：首先，苏云金杆菌晶体蛋白被昆虫吃到体内，经过肠道碱性环境溶解成可溶性的原毒素；然后，在昆虫肠道蛋白酶的作用下，对原毒素进行激活。活化后的毒素与昆虫中肠柱状上皮细胞的膜受体结合，并定位于细胞膜，形成穿孔，进而引起细胞渗透平衡破坏、细胞吸胀破裂，最后，导致肠壁破裂，昆虫得败血症而死亡。

14. 苏云金芽孢杆菌（Bt）能否与其他农药混合使用？

答：可以。根据不同生物农药品种按使用要求可以与其他生物农药或化学农药混用。合理科学的混用农药可以提高防治效果，延缓有害生物产生抗药性或扩大使用范围，兼治不同种类的有害生物，节省人力和用药量，降低成本，提高药效，减低毒性，保障人、畜的安全。与其他生物农药混用，如阿维菌素、病毒、苦皮藤、川楝素等；与昆虫生长调节剂混用，如氟铃脲、灭幼脲、抑太保等；与拟菊酯类混合使用，如溴氰菊酯、氯氰菊酯、高效氯氰菊酯等；与菜青虫病毒颗粒剂等混合使用；还可以与无机化合物及化肥混合使用等。细菌类生物农药与真菌或其他农药混配使用需谨慎，用药前要注意阅读使用说明书，按规定与其他农药混配使用。随意与其他药剂混配，会降低防治效果或出现药害。注意与其他化学农药混合使用时必须现配、现用。

15. 苏云金芽孢杆菌（Bt）的主要剂型和使用方法？

答：苏云金芽孢杆菌制剂的剂型包括以水为介质的水悬剂、以有机溶剂为介质的油悬剂和以固体填充剂为介质的可湿性粉剂。近10年来，还开发出了水分散性粒剂和微胶囊剂等新剂型，已投入使用。应该根据防治对象和所处生态环境选择方便储存和使用的剂型。与化学农药相比，苏云金芽孢杆菌制剂安全性强，但产品的稳定性差、残效期短、杀虫速度慢，而且受施用环境影响大。解决这些问题除了使用合适的剂型外，还可以添加一些辅助剂。为了增加田间残效，目前，使用的辅助剂包括由液态发酵产品制成粉剂所需的吸附剂、使菌在表面展着的湿润剂、防止芽孢萌发和其他微生物生长的防腐剂、促进昆虫食欲的引诱剂、防紫外线的保护剂，还有粘着剂、乳化剂和增效剂等。常见剂型及用法见表2-1。

表 2 - 1 苏云金芽孢杆菌制剂的主要剂型、防治对象和施用方法

剂型	防治对象	用药量	施用方法
可湿性粉剂 (16 000 IU/mg)	小菜蛾	750 ~ 1 125g 制剂/hm²	喷雾
	松毛虫	稀释 1 200 ~ 1 600 倍液	喷雾
	棉铃虫	1 500 ~ 2 250g 制剂/ hm²	喷雾
	玉米螟	750 ~ 1 500g 制剂/ hm²	细沙灌心
水分散粒剂 (15 000 IU /mg)	甜菜夜蛾	375 ~ 750g 制剂/hm²	喷雾
	菜青虫	375 ~ 750g 制剂/hm²	喷雾
悬浮剂 (8 000 IU/μL)	松毛虫	稀释 200 ~ 300 倍液	喷雾
	稻纵卷叶螟	3 000 ~ 6 000mL 制剂/hm²	喷雾
油悬浮剂 (8 000 IU /μL)	松毛虫	4 500 ~ 6 000mL 制剂/hm²	喷雾
粉剂 (8 000 IU/mg)	茶尺蠖	稀释 600 ~ 800 倍液	喷雾
	茶毛虫	稀释 400 ~ 800 倍液	喷雾
	烟青虫	1 500 ~ 3 000g 制剂/hm²	喷雾

16. 苏云金芽孢杆菌杀虫剂（Bt）有哪些优点?

答：同其他农药相比，细菌杀虫剂生物农药具有如下优点。

（1）对人、畜无毒，使用安全。Bt 细菌的蛋白质毒素在人畜和家禽的肠胃里不起作用。

（2）选择性强，不伤害天敌。只对靶标昆虫有害，对天敌起到保护作用。

（3）不污染环境，不影响土壤微生物的活动，是一种环境友好型的生物农药。

（4）无残毒，生产的产品可安全食用，同时，也不改变蔬菜的果实色泽和风味。

（5）相对而言不易产生抗性，虽然害虫对微生物长期反复

侵染会产生一定的抗性，但是，这抗性的增长是极其缓慢的，也就是说害虫对一些病原微生物的免疫力多年来可以保持在一个很低的水平。

17. 使用细菌杀虫剂可否随意增加或减少 用药剂量？

答：不可以。凡是进入商品化生产的细菌杀虫剂都是反复经过室内外检测、田间喷施试验，在确保安全性和防虫等效果无问题后，才确定其最佳的使用剂量和使用方法的。随意增加或减少药剂的浓度都不会起到良好的防虫效果。增加药液浓度，一是产生药害；二是造成药剂的浪费，增加防治成本；三是容易加速抗药性的产生。减少剂量则达不到防治效果。因此，在使用细菌杀虫剂的时候，必须严格按照药品使用说明应用，不可随意增加或减少使用剂量或浓度。

18. 使用细菌微生物农药应注意哪些问题？

答：细菌微生物农药是当前蔬菜绿色防控基地、蔬菜无公害栽培重点推广使用的新型药剂，在使用中要特别注意天气条件。应注意以下4点。

（1）温度。细菌微生物农药的活性成分是蛋白质晶体和有生命的芽孢。在低温条件下，蛋白晶体不易发生作用。

（2）湿度。细菌微生物农药中细菌的芽孢喜欢潮湿环境，因此，在田间湿度越大药效越高。一般在清晨或者傍晚有露水时喷施药剂，有利于菌剂较好地黏附在作物表面上，提高药剂的生防效果。

（3）阳光。阳光中的紫外线直接照射对细菌菌体有一定杀伤作用。所以，喷施细菌微生物农药最好在傍晚或阴天进行。

（4）雨水。喷施细菌微生物农药后短期内，如遇大雨，会降低药效；但如在施药 5h 后下雨，不但不会降低药效，反而会有增效作用。

19. 我国细菌杀虫剂有哪些登记产品?

答：目前，在我国农业部农药检定所登记注册的细菌杀虫剂生物农药制剂和混剂产品名单如表 2 - 2。

表 2 - 2　我国细菌杀虫剂母药、制剂和混配制剂已登记的部分产品名单

产品名称	有效成分含量	剂型
苏云金芽孢杆菌	50 000 IU/mg	母药
	3.2%，16 000IU/mg, 32 000IU/mg, 8 000 IU/mg, 100 亿活芽孢/g	可湿性粉剂
	15 000 IU/mg	水分散粒剂
	4 000IU/μL, 8 000 IU/μL, 8 000 IU/mg, 2 000IU/μL, 6 000IU/mg, 100 亿活芽孢/mL	悬浮剂
	8 000 IU/μL	油悬浮剂
	8 000 IU/mg	粉剂
	0.2%，2 000 IU/mg	颗粒剂
茶毛核·苏	苏云金杆菌 2 000 IU/μL、茶毛虫核型多角体病毒 10 000PIB/μL	悬浮剂
苏云·杀虫单	杀虫单46%、苏云金杆菌100 亿活芽孢/g，杀虫单62.6%、苏云金杆菌 0.5%，杀虫单51%、苏云金杆菌100 亿活芽孢/g	可湿性粉剂
阿维·苏云菌	阿维菌素0.1%、苏云金杆菌100 亿活芽孢/g，阿维菌素0.1%、苏云金杆菌1.9%，阿维菌素0.18%、苏云金杆菌100 亿活芽孢/g，阿维菌素0.1%、苏云金杆菌1.4%	可湿性粉剂
甜核·苏云菌	甜菜夜蛾核型多角体病毒 1 万 PIB/mg、苏云金杆菌 16 000IU/mg	可湿性粉剂

产品名称	有效成分含量	剂型
苏·松质病毒	苏云金杆菌 16 000IU/mg、松毛虫质型多角体病毒1 万 PIB/mg	可湿性粉剂
茶核·苏云菌	茶尺蠖核型多角体病毒 1 000 万 PIB/mL、苏云金杆菌 2 000IU/μL, 茶尺蠖核型多角体病毒 1 万 PIB/mL、苏云金杆菌 2 000IU/μL	悬浮剂
苏云·虫酰肼	虫酰肼 1.6%、苏云金杆菌 2.0%	可湿性粉剂
苏云·灭多威	灭多威 9%、苏云金杆菌 2%	可湿性粉剂
苏云·氟铃脲	氟铃脲 1.5%、苏云金杆菌 50 亿活孢子/g	可湿性粉剂
苜核·苏云菌	苜蓿银纹夜蛾核型多角体病毒 1 000 万 PIB/mL、苏云金杆菌 2 000IU/mL	悬浮剂
高氯·苏云菌	高效氯氰菊酯 2%、苏云金杆菌 0.5%	可湿性粉剂
棉核·苏云菌	棉铃虫核型多角体病毒 1000 万 PIB/mL、苏云金杆菌 2 000IU/μL	悬浮剂
菜颗·苏云菌	1 万 PIB/mg 菜青虫颗粒体病毒、16 000IU/mg 苏云金杆菌	可湿性粉剂
	菜青虫颗粒体病毒 1 000 万 PIB/mL、苏云金杆菌 0.2%	悬浮剂
甲维·苏云菌	甲氨基阿维菌素苯甲酸盐 0.5%、苏云金杆菌 4 000IU/mg	悬浮剂
	甲氨基阿维菌素苯甲酸盐 0.3%、苏云金杆菌 100 亿活芽孢/g	可湿性粉剂
短稳杆菌	300 亿孢子/g	母药
	100 亿孢子/mL	悬浮剂
球形芽孢杆菌	200 ITU/mg	母药
	100 ITU/mg,80 ITU/mg	悬浮剂

20. 细菌生防制剂在我国的研究现状如何？

答：（1）苏云金芽孢杆菌（Bt）。苏云金芽孢杆菌制剂是目前世界上产量最大、使用最广的微生物杀虫剂，我国生产始于20世纪60年代，至今已经发展到80多个生产厂家，每年生产约 3×10^4 t 产品，在20多个省、自治区、直辖市用于防治棉、粮、果、蔬、林等作物上的20多种害虫，使用面积达到 5.3×10^6 t/hm^2 以上。目前，我国 Bt 领域内的研究开发工作正在向寻找新杀虫基因、构建优良杀虫菌株、改善工艺流程和提高产品质量等方面开展广泛的合作研究，利用分子生物学技术对现有高效菌种进行分子育种也越来越普遍，此外，还针对不同的害虫，进行不同杀虫菌株的筛选，开发不同防治对象的 Bt 新剂型。基于 Bt 毒蛋白的细菌杀虫剂是目前世界范围内使用最广泛的一个细菌杀虫剂，具有优良的胃毒杀虫活性，但仍存在一些不足。①细菌杀虫剂喷洒在植物表面有效成分容易被雨水冲刷或被紫外光降解而影响防治效果。②Bt 毒蛋白基因的抗虫谱较窄，它只对某一种或几种害虫具有毒杀作用。③随着转 Bt 毒蛋白基因植物的大面积种植，给昆虫造成很高的选择压力，可能会使昆虫对此毒蛋白产生抗性。因此，仍然需要对大田种植转基因作物后的昆虫数量加以密切监测，以便跟踪了解抗性昆虫的产生频率。

除了苏云金芽孢杆菌外，还有一批具有杀虫防病潜力的生防细菌菌剂正在研究之中。

（2）日本金龟子芽孢杆菌和致病芽孢杆菌。日本金龟子芽孢杆菌以及致病芽孢杆菌能使蛴螬分别产生 A 型乳状病和 B 型乳状病。第一个日本金龟子芽孢杆菌制剂 Doom 于1950年在美国登记，成为该国政府批准登记的第一个生物防治制剂。由于日本金龟子芽孢杆菌和缓病芽孢杆菌尚不能在人工培养基上生长形成有侵袭力的芽孢，因此，商品制剂 Doom，Jademic，Grub，Attack 及 Milky-spore 等都是采用幼虫活体培养的方式来生产的从而限制了该菌的推广应用。

（3）双酶梭状芽孢杆菌。1996 年 Barloy 等报道从一种对蚊科幼虫有强杀灭作用的双酶梭状芽胞杆菌菌株 *Bifermentans* subsp. *malaysia*（CHl8）中获得一个毒素蛋白基因 *cmb*71，该基因编码的蛋白与苏云金杆菌晶体蛋白保守区同源性较强。1998 年 Barloy 等又报道 *cmb*71 基因下游分离到 3 个毒蛋白基因。基因 *cmb*72 编码的蛋白与苏云金芽胞杆菌晶体蛋白保守区同源性也较强，另两个基因 *cmb*17.1 和 *cmb*17.2 编码的毒蛋白与烟曲霉（*Aspergillus fumigatus*）溶血素有 44.4% 同源性。*cmb* 基因的应用有助于今后高效表达系统的建立。

（4）嗜线虫致病杆菌。这是一种可与斯氏线虫科线虫共生的肠杆菌科致病杆菌属细菌，对多种害虫有致死作用。已经确定某些种类的杀虫成分，包括小分子、脂多糖和蛋白质。Smigielski 等在 1995 年公开的一个专利中曾公布从嗜线虫致病杆菌 *Xenorhabdune -matophilus* A24 中获得一个 1.2 kb 的基因，可编码一个 30kDa 的杀虫毒蛋白，注射数微升含该蛋白的发酵液即可使大蜡螟幼虫死亡。尽管目前发现致病杆菌的杀虫作用与多种因素有关，但初步研究表明，不同菌株的蛋白粗提物对玉米螟、棉铃虫有不同程度的饲毒活性，据此推测，在同属其他种类细菌中可能还存在一些新的杀虫蛋白基因类型。

（5）发光杆菌。发光杆菌可与异小杆线虫科线虫共生。1993 年该属从嗜线虫致病杆菌属中分出，目前仅此一种。现已分离到具有不同程度的杀虫活性的菌株。在 1998 年公开的一项专利和随后发表的几篇论文中，报道了发光杆菌菌株 *Photobacte-*

24

rium luminescens W－14 中存在 4 个编码毒蛋白复合体的基因簇
tca (*Bkb*)，*tcb*，*tcc* 和 *tcd*，其中 *tca* 和 *tcd* 编码的高分子量复合
体蛋白 Complexd 对烟草天蛾等害虫有较强的饲毒活性。此毒蛋
白为外分泌型，其活性作用部位为害虫中肠。而 Ragni 等在 1998
年公开的另一项专利中则报道异发光杆菌 *P. luminescens* XP01 的
杀虫活性成分为非外分泌型物质。将上述杀虫蛋白基因转入大肠
杆菌后，可用抗体检出表达蛋白，但未显示出饲毒活性，据分析
可能是表达蛋白未加工修饰成活性蛋白和未分泌至胞外所致。

（6）嗜虫沙雷氏菌（*Serratia entomophila*）。肠杆菌科沙雷
氏菌属细菌有十余种，分布于土壤、水或动植物体内，其中，
一些种类对某些鳞翅目、鞘翅目、直翅目、双翅目和膜翅目害
虫有致死作用。Upadhyaya 等用转座子诱变方法研究了对新西
兰草地蛴螬有致死作用的嗜虫沙雷氏菌 *S. entomophila* 菌株，发
现名为 *amb*－1 的基因簇（8.6kb）所编码的蛋白中，一个
44kDa 蛋白与杀虫作用有关。现已证实具有杀虫作用的沙雷氏
菌对哺乳动物和环境较为安全，但在大量使用这类细菌防治虫
害或开发利用其杀虫基因之前，还需要做许多基础研究工作。

21. 用于植物病害防控的细菌杀菌剂的研发现状与前景如何？

答：国内外广泛利用拮抗微生物及其代谢产物来抑制病原菌
的生存和活动，其中，拮抗细菌在植物病害防治中起到非常重要
的作用（表 2－3）。其主要优势在于：细菌的种类和数量众多，
在植物根际和地上部大量存在；细菌对病原菌的作用方式多样，
可以通过竞争、拮抗、寄生和诱导植物产生抗性等方式对病原菌
产生影响；细菌繁殖速度迅速；可以液体发酵，便于产业化；不
仅能够防治病害而且可以促进作物生长。因此，对拮抗细菌和病

原菌之间相互作用的细菌学、生物化学、分子生物学的研究也在
不断深入。

表2-3 国内外部分已登记应用的细菌杀菌剂产品

登记种类	美国、欧盟	中国
	/	蜡质芽孢杆菌母药；制剂
	Agrobacterium radiobacter K84	井冈＊蜡芽菌；
	Bacillus subtilis QST713；*Bacillus subtilis* GB03 *Bacillus subtilis* MBI 600；*Bacillus subtilis*	枯草芽孢杆菌母药，制剂；井冈·枯芽菌；
	amylolique faciens FZB24	解淀粉芽孢杆菌
	Bacillus lichenformis SB3086	地衣芽孢杆菌
细菌杀菌剂	*Bacillus mycoides* isolate J	/
	Bacillus pumilus GB 34，*Bacillus pumilus* QST 2808	/
	Pseudomonas aureofaciens Tx-1	球形芽孢杆菌母药、制剂
	Pseudomonas chlororaphis 63-28	多黏芽孢杆菌母药、制剂
	Pseudomonas syringae ESC 10 *P. syringae* ESC 11	丁香假单胞菌
	Pantoea agglomerans C9-1、E325	成团泛菌

目前，虽筛选出了一批具有拮抗性的微生物，但还缺乏高效
价的菌株，对其发酵工艺的研究也还不够。筛选出的多种拮抗细
菌大多为直接使用菌体或菌剂来防治病害，因此，它们的货架期
（销售保质期）及防效稳定性难以保证；而且大多停留在拮抗活
性的研究和田间防效上，真正分离到活性物质并应用于实际的菌
种还很少。因此，只有通过提取和纯化其抗菌物质（包括抗生
素与抗菌蛋白），才能将微生物发酵产品变成真正的、标准的生
物农药，从而更好地用于农业生产。在拮抗细菌的选育工作中，

陈志谊等通过自然选育、紫外线诱变方法使芽孢杆菌原始菌株 B2916 的生长速度提高了 32.9%，拮抗能力提高了 21.0%，但是，突变菌株容易失去突变获得的性能，其拮抗作用不稳定。要想获得稳定的突变株，常规育种很难达到这一点，这就需要通过基因工程手段对拮抗细菌进行改造或者对拮抗细菌产生的抗菌物质进行改良，以拓宽新型高效生防菌的来源，提高生防菌产生拮抗物质的能力和生防能力。

因此，要使拮抗细菌达到理想的效果，将生物工程技术与生物防治技术相结合，即遗传工程拮抗细菌和抗菌物质的改造以及把拮抗细菌的抑菌基因转入植株基因组中获得高抗或免疫品种三者结合起来，提高拮抗细菌的生防水平，将是拮抗细菌的研究目标。

22. 细菌杀菌剂抑菌防病的基本原理有哪些？

答：细菌杀菌剂杀菌抑菌的作用机理包括拮抗、竞争性抑制、诱导抗性或促进植物生长等方式。如枯草芽孢杆菌对植物病原菌的拮抗作用方式为分泌胞外代谢物的抗生作用、分泌抗生素的竞争作用、利用蛋白类抗菌物质的诱导抗性、直接抑制病原物或形成不利的环境条件，间接抑制病原菌生长的生长协同拮抗作用。枯草芽孢杆菌产生的抗菌活性物质包括脂肽类抗生素：伊枯草菌素（芽孢菌素、真菌枯草菌素）、表面活性素、丰原素、环肽抗生素；蛋白类抗菌物质：几丁质酶、抗菌蛋白酶和多肽。枯草芽孢杆菌还具有促生作用：合成生长素类物质、吲哚乙酸、吲哚乙腈、玉米素、赤霉素、细胞激动素，直接促进植物生长；合成嗜铁素、有机酸等，可以提高矿质元素的利用率，促进植物生长。

（1）拮抗：在作物表面，细菌杀菌剂可以通过分泌抗性物质、产生溶菌代谢物等方式来抑制叶围的病原菌感染，从而达到防治植物病害的目的。由于抗生物质的作用而产生的拮抗作用叫抗生。根肿病的生物防治就是利用一种大肠杆菌素来实现的，这种大肠杆菌素能抑制根肿病菌 DNA 的合成及细胞壁的合成，从而抑制了病原菌的侵入。用荧光假单胞杆菌（*Pseudomonas fluorescens*）防治棉花立枯病就是靠这种细菌产生的硝砒咯霉素和 pyoruteorin 两种抗真菌素来起作用的。此外，假单胞菌产生的抗菌物质还有 peudane，Phenazine 等化合物，芽孢杆菌（*Bacillus*）产生的有 bulbiformi，bacitaracin（杆菌肽）等。

（2）竞争性抑制：发生于微生物在生活空间和营养物质的绝对量不足时。*Pseudomonas* 通过与病原菌等有害微生物对铁的竞争而抑制病原菌增殖。铁的竞争是通过细菌产生的铁的螯合物 psudobactin 来实现的。此外，有的植物根际生活着阻碍植物生长的有害细菌（DRB），植物根际促生菌（PGPR）能够阻碍 DRB 着生于根上，从而排除了影响作物根部的有害因子，使作物得以很好地生长。

（3）诱导系统抗性：诱导植物产生系统抗病性是植物病害生物防治措施的重要组成部分。假单胞菌等产生吲哚乙酸、赤霉素等植物激素，促进根组织的激素平衡，调节微生物间的相互作用，根系抗病性会增强。如多黏芽孢杆菌（*Paenibacillus polymyxa*）W3、Y2 和地衣芽孢杆菌（*Bacillus licheniformis*）W10 等拮抗细菌，不仅对灰霉菌（*Botrytis cinerea*）等多种重要植物病原真菌有较强的拮抗活性和定殖能力，而且能诱导植物产生系统抗性。

23. 细菌除草剂的研发与应用前景怎样?

答： 细菌类除草剂主要集中在根际细菌如假单孢菌属（*Pseudomonas*）、肠杆菌属（*Enterobacter*）、黄杆菌属（*Flavobac-*

terium）、柠檬酸细菌属（*Chrobacter*）、无色杆菌属（*Achromobact-
er*）、产碱杆菌属（*Alcalligenes*）、黄单孢菌属（*Xanthomonas*）。
新近成功开发的商品除草剂的代谢产物双丙氨膦（biolaphos）就
来自放线菌（*Streptomyces viridochromogenes*）。双丙氨膦是一种
可防除单子叶和双子叶植物的非选择性除草剂，作用速度比草甘
膦快而比百草枯慢，常用于非耕地和果园防除一年生或多年生杂
草，已在日本销售。我国上海农药研究所也发现了 1 株放线菌，
它产生的两类环己酰亚胺物质，具有极强的杀草活性，用其发酵
液的稀释液对野苋、春蓼等杂草进行苗后处理的防效可达
100%，苗前处理防效分别达到 78.6% 和 64.9%。采用 Ames 检
测结果表明，此抗生素为低毒化合物，在细菌试验中无诱变
作用。

参考文献

［1］张继红，王琛柱，钦俊德. 苏云金芽孢杆菌 δ-内毒素的杀虫机理及其
　　　增效途径［J］. 昆虫学报，1998，41（3）：323－332.
［2］张怀江，李长友，程林友，等. 苏云金杆菌 δ-内毒素作用机理及抗性
　　　研究进展［J］. 东北农业大学学报，2006，37（3）：393－397.
［3］Gill S S, Cowles E A, Pietrantonio P V. The mode of action of Bacillus
　　　thuringiesis endotoxins［J］. Annus Rev Entomol. 1992, 37：615－636.

第三章　真菌农药

24. 什么是真菌农药?

答：真菌农药（fungal pesticides）是指用于防治农业、林业及卫生等领域有害生物的真菌活体及其次生代谢产物为活性成分制备的微生物制剂。其作用靶标包括各种害虫、病原菌、线虫和杂草等有害生物。登记的有效成分包括分生孢子、菌丝体或厚垣孢子、菌核等无性繁殖体以及有性繁殖体卵孢子。

25. 真菌农药的主要菌种种类有哪些?

答：目前，应用较多的杀虫真菌菌种主要有蝗绿僵菌（*Metarihzium acridum*）、大孢绿僵菌（*M. majus*）、金龟子绿僵菌（*Metarhizium anisopliae*）、球孢白僵菌（*Beauveria bassiana*）和布氏白僵菌（*Beauveria brongniartii*）、莱氏野村菌（*Nomuraea rileyi*）、玫烟色棒束孢（*Isaria fumoaoroeue*）、淡紫拟青霉（*Phaecelomyces lilycinus*）、汤普森被毛孢（*Hirsutella thompsonii*）和蜡蚧疥霉（*Lecanicillium lecanii*）等 10 多种（彩图 3 – 1 至彩图 3 – 9）。

真菌农药主要分为真菌杀虫剂、真菌杀菌剂、真菌杀线虫剂以及真菌除草剂。常见的真菌生物农药有如真菌杀虫剂球孢白僵菌可湿性粉剂、蝗绿僵菌油悬浮剂、金龟子绿僵菌乳粉剂、莱氏野村菌微粒剂、淡紫拟青霉颗粒剂；用于土传病害防治的木霉菌种主要有哈茨木霉、交织木霉和棘孢木霉等菌种（彩图 3－10和彩图 3－11）。真菌杀菌剂如哈茨木霉的拌种剂、真菌除草剂如防除菟丝子的胶孢炭疽菌以及瓜果蔬菜储存的酵母保鲜剂。

26. 同其他生物农药相比，真菌农药的杀虫机理有何特殊之处？

答：常用的细菌和病毒杀虫剂如苏云金芽孢杆菌、核多角体病毒等只能通过吞食或口服进入肠道内起作用，属于胃毒剂。而虫生真菌可以直接通过表皮侵入，属于触杀剂。真菌农药的有效成分主要为孢子或菌丝体，如分生孢子、厚垣孢子以及菌核或微菌核，作为真菌杀虫剂的主要活性成分与靶标害虫的表皮接触，疏水性孢子萌发芽管并形成附着胞以及侵染钉侵入，也可以菌丝体直接侵入体壁，通过触杀剂的方式起作用。以绿僵菌为例，绿僵菌的分生孢子首先附着于寄主体表，萌发，这是侵染过程的第一步，一旦能正常萌发生长，则产生入侵结构（如附着胞等），同时分泌各种相应的酶（如几丁质酶等），破坏寄主体比结构，从害虫的节间膜、口器或气门等柔软部位侵入寄主体内。病菌突破昆虫表皮之后，从昆虫体内吸收维持自身生长、繁殖所必需的营养物质，在昆虫血腔中大量繁殖，产生酵母状的虫菌体，破坏昆虫组织结构、降低昆虫生活能力、最终导致昆虫死亡。真菌除了利用昆虫的营养进行繁殖以外还会释放多种生物毒素来杀死寄主。

目前，研究得较多的有破坏素和细胞松弛素。破坏素是一种环状六肽毒素，对寄主有增加免疫压力、导致肌肉麻痹和损害马氏管的功能；细胞松弛素是从金龟子绿僵菌中分离出的一种间杂环结构毒素，可抑制昆虫血细胞的运动，降低血细胞的吞噬能力。

27. 目前我国真菌农药有哪些主要品种?

答:（1）白僵菌：目前，球孢绿僵菌是登记的产品最多的杀虫真菌。其防治对象包括松毛虫、蝗虫、茶小绿叶蝉、蚜虫、飞虱、农作物鳞翅目害虫等，制剂包括母药、粉剂、油悬浮剂、可湿性粉剂、水分散剂、无纺布挂条等。江西天人集团公司已登记白僵菌母药、制剂近10个，广泛用于防治松毛虫等鳞翅目害虫的防治。

（2）绿僵菌：主要包括金龟子绿僵菌母药与制剂产品。国内最早开展绿僵菌新农药研发登记的重庆重大生物公司，从自然罹病的黄脊竹蝗僵虫上分离到高效杀蝗的蝗绿僵菌菌株（已申请专利）。利用液固两相发酵生产的500亿孢子/g孢子粉母药，再与植物油混合加工成100亿/mL蝗绿僵菌油悬浮剂，适用于飞机或地面的超低量喷雾绿色防控飞蝗和各种土蝗。正在登记的几个新产品：100亿孢子/g金龟子绿僵菌乳粉剂和10亿/g金龟子绿僵菌微粒剂适用于蛴螬等地下害虫的生物防治；100亿孢子/g大孢绿僵菌乳粉剂、10亿/g大孢绿僵菌微粒剂适用于蔗根土天牛、菜青虫、斜纹夜蛾等蔬菜害虫的绿色防控。

（3）淡紫拟青霉：主要产品包括母药、粉剂和颗粒剂用于蔬菜根结线虫防治，淡紫拟青霉母药与制剂，但其产品保质安全储运技术还有待于提高。

（4）木霉菌：已经有多个公司开发的木霉菌母药、可湿性粉剂、水分散剂可以用于防治灰霉病、苗枯病、霜霉病和白粉病等叶部病害及果实在储藏期的腐烂。

28. 同化学农药和其他生物农药相比，真菌 农药的优点和不足之处有哪些？

　　答： 真菌农药除具有一般生物农药的对环境友好、无残留等特点外，还具有以下优点。

　　（1）靶标性强：大多数真菌农药专化性强，对人畜禽等高等动物无害，同时对非靶标的瓢虫、草蛉、蚂蚁、植株和食蚜虻等害虫天敌有很好的保护作用，能够有效维护生态平衡。

　　（2）资源丰富、杀虫谱广：自然界中70%非正常死亡的害虫是由于感染真菌而死亡，因此，自然界中有丰富的生防真菌资源，我们能够筛选的针对各种害虫的专性真菌菌株用于真菌农药的开发。真菌杀虫剂能够直接从昆虫体壁入侵，因而对刺吸式口器害虫也有很好效果。

　　（3）扩散能力强，持效性好：真菌杀虫剂具有较强的垂直与水平扩散能力和较广的杀虫谱。由于受真菌感染后罹病虫体表面可以产生新一代分生孢子，可进一步扩散，因此真菌杀虫剂的垂直与水平扩散能力强，有助于害虫的持续控制与害虫流行病的发生。真菌农药中的活体真菌及孢子或菌丝体，施入田间后，借助适宜的温度、湿度，可以在田间定殖、继续繁殖生长，诱发害虫的流行病，不但可以对当年当代的有害生物发挥控制作用，而且对后代或者翌年的有害生物种群起到一定的抑制，具有明显的后效作用。重庆大学在山东日照用金龟子绿僵菌防治花生蛴螬，连续防治两年后田间虫口数量降低至一般田块的1/5以下。

　　（4）害虫不易产生抗性：真菌杀虫剂的多种杀虫机理（营养竞争、组织机械破坏、毒素作用等）使得害虫对真菌杀虫剂产生抗药性的机率几乎等于零。中国科学科院微生物研究研究发现，利用真菌杀虫剂白僵菌持续控制马尾松毛虫长达10年，没有发现松毛虫产生抗药性。

（5）具有促植物生长功能：真菌农药生产发酵过程中的培养基以及菌体死亡产生的氨基酸、多肽酶及微量元素等都是作物生长所必需的营养成分；一些杀虫真菌菌株具有菌根功能，能够在植物根际定植，除具有杀虫或抑菌功能外，还附带有改良土壤，改善作物生长条件及提高作物抗逆力和提高产量的功能。

（6）生产原料来源广泛，易于大批量商品生产：真菌农药主要利用天然可再生资源（如农副产品的谷壳、麸皮、玉米等）发酵生产，原材料的来源广泛、生产成本低廉，不与化工产品争夺不可再生资源（如石油、煤、天然气等），有利于自然资源保护和循环经济。

真菌农药虽然具有目前许多化学农药难以具备的优点，但是，真菌农药产品与化学农药相比也存在许多本身固有的弱点，简要概括起来主要包括以下几点。

（1）防治效果较为缓慢：虫生真菌在侵染害虫的时候，要经历附着、产生附着和穿透结构、分泌各种酶降解昆虫表皮、在昆虫体内大量增殖等一系列的复杂过程，很难在短期时间内得到很好的效果。

（2）容易受到环境因素的制约和干扰，防效稳定性欠缺：由于真菌农药的活性成分是真菌活体，因而受环境因素（温度、湿度）的影响较大。真菌孢子的萌发需要温度、湿度等一系列的环境条件，而且其药效发挥缓慢，更易于受到田间紫外线的破坏，所以真菌农药作用的发挥对环境的依赖性很大，不适宜的环境往往会严重干扰真菌农药的使用效果。

（3）产品货架期（shelf life）短、只能短期存放：真菌农药的有效成分是真菌活体，因而受环境（温度、湿度）的影响较大，产品的贮存一般要求储藏温度低于常温。真菌孢子不能长期保存，即便是加了保护剂、稳定剂等成分，孢子的活性在半年后也会大大降低。更重要的是，多数生物农药"货架寿命（shelf life）"不足。货架寿命指的是物品出售后的最佳使用期。根据英国出版的《生物农药手册》（The Biopesticide Manual）中收录的60种微生物活体农药统计，其货架寿命达两年的仅15%，30%的微生物活体农药的货架寿命低于3个月，10%的微生物活体农药要求货到即用。这个问题有待于剂型的优化才能在一定程度上改善。

29. 目前常见的真菌农药制剂有哪些?

答：作为生物体，真菌不仅对剂型成分有要求，而且对外界环境，如温度、湿度、光照等，都较为敏感，故真菌杀虫剂剂型的加工比化学杀虫剂更为复杂。在长期的剂型研究与害虫防治过程中，真菌杀虫剂剂型和应用技术都得到了长足的发展。真菌农药剂型是以特定工艺程序将有效成分（分生孢子）按一定比例与各种助剂组分加工制备而成的产品形式。助剂是为了使制剂具备某些特性，在母药基础上添加的湿润剂、紫外保护剂、增效剂等添加剂。到目前为止，国内外真菌剂型的种类有可湿粉剂、乳粉剂、油悬浮剂、颗粒剂、干菌丝及无纺布菌条等剂型。

（1）高孢粉：高孢粉指经液体—固体双相发酵生产的发酵产物，通过干燥、粉碎、分离纯化获得的低含水量（绿僵菌5% ~ 8%、白僵菌8% ~ 12%）高含孢量（100 ~ 1 000）亿/g纯净的干孢粉。高孢粉是制作制剂的母药。

（2）粉剂：为增强分生孢子对周围环境的抵抗力，延长真菌杀虫剂的贮藏期，提高使用效率，人们将高孢粉进行进一步加工，加入各种填充料及助剂，制成粉剂。填充料的pH值及其缓冲能力、对化学抑制性物质的吸收能力及对微生境的优化能力都是影响粉剂中孢子存活率的主要因素。对白僵菌来说，滑石粉、高岭土、凹凸棒土、硅藻土和铁红均是较好的填充料。同时为了防止太阳光紫外线对孢子的杀伤作用，在粉剂中通常还会加入抗紫外剂，如荧光素钠、七叶灵、Oxife 等均是常用的抗紫外剂，可增加孢子在环境中的稳定性。瑞士曾用脱脂牛奶作为布氏白僵菌芽生孢子的粘着剂和紫外保护剂防治西方五月鳃金龟，取得很好防效。

（3）可湿性粉剂：可湿性粉剂是以孢子粉加入湿润剂和填充载体混合而成的一种剂型，使得孢子粉能够很快湿润，悬浮于水中利于施用。美国 Abbott 实验室于 20 世纪 80 年代集中研究过白僵菌的可湿性粉剂，但是其产品的稳定性仍然存在着一定的问题。国外开发的一种叫 Boverol 的白僵菌可湿性粉剂，其含孢量超过 1×10^{10} 孢子/g，在 10℃ 下贮藏可保存 12 个月，活孢率超过 70%。在我国已经报道的白僵菌的可湿性粉剂以白碳黑为主要填充料的可湿性粉剂，其润湿性小于 3min，且具有良好的产品细度与贮藏稳定性。10～20℃室温贮存 8 个月后，孢子萌发率和悬浮率均在 85% 左右。

（4）油悬浮剂：是以植物油或矿物油为稀释液，将分生孢子悬浮制成液的一种剂型。与传统的水剂相比，油悬浮剂在低的相对湿度下更有利于孢子的萌发，同时能延长孢子在高温下的寿命。油悬浮剂还有利于孢子对害虫疏水表皮或植物表面的吸附。在我国，白僵菌油悬浮剂早已应用于松毛虫的防治，而蝗绿僵菌油悬浮剂在国内 11 个省区的蝗虫发生区大面积用于飞机超低容量喷雾防控飞蝗和土蝗，取得了良好的防治效果和生态效果。与粉剂相比，油悬浮剂更有利于存贮。油悬浮剂一般采用低量或超低量喷雾，不能用于常量喷雾，以免产生药害。

（5）可乳粉剂：对于白僵菌、绿僵菌等生防真菌，因孢子具有疏水性表面，在水中难以混合均匀形成稳定的水悬剂，而且分生孢子在水中会很快萌发而失去活性。重庆大学研制的用植物油包裹在孢子表面，形成油膜包被，结合相容性非离子表面活性剂和分散剂等助剂加工而成的乳粉剂，适宜长期贮存，对水稀释即可使用，已获得国家发明专利，并用于多种虫生真菌的制剂加工。

（6）无纺布菌条：无纺布菌条是利用无纺布为培养基的载体，让昆虫病原真菌在其上发酵生长；害虫在接触其上的孢子后而受到侵染，从而达到控制害虫的目的。该剂型适用于飞行能力较差，习惯在树干上爬动的林木害虫。研究显示，无纺布上的孢子萌发率在19天后仍可达70%以上。目前，我国已尝试无纺布菌条和引诱剂结合，对多种林业害虫进行防治，并且表现出巨大的应用潜力。可以说，无纺布菌条是一种新型的、很有希望的真菌杀虫剂剂型之一，它不仅可广泛应用于各种天牛的防治，而且可以应用于众多具有越冬、越夏或迁移习性害虫的防治。

（7）混配制剂：杀虫速度较慢是真菌杀虫剂使用受到限制的一个重要因素。为了克服这个缺点，人们将化学杀虫剂与真菌杀虫剂制成混合制剂以取得更快的杀虫效果。研究显示，在添加2.5%和5%的灭幼脲的两个处理中，在30天内对白僵菌孢子的增效作用分别为5%和27.3%，LT_{50}分别提前5天和8天；蝗绿僵菌与高效氯氰菊酯复配后共毒系数大于200。其增效原理在于少量化学农药可以降低靶标害虫的对病原真菌的防御能力，有利于虫生真菌孢子和菌丝体迅速穿透昆虫表皮，侵入体内，通过营养竞争或毒素作用导致害虫死亡，从而提高防效。以真菌有效成分为主掺加少量至微量的低毒高效化药的科学混配，必须满足2个前提条件：一是相容性好，即混合后不影响孢子萌发与毒力；二是增加防效，可以提高混配剂的共毒系数。符合相容增效原则的科学混配制剂可以明显提高真菌农药的速效性。

30. 杀虫真菌农药的施用技术有哪些?

答: 杀虫真菌农药是具有活性的微生物杀虫剂,它的孢子萌发、生长、繁殖都要受到外界与环境条件的影响。20~30℃是最适宜的温度条件;较高的相对湿度对分生孢子的萌发和菌丝发育很重要;日光能提高温度和降低湿度,紫外线能杀死真菌孢子,因此,选择湿度适宜的傍晚使用菌剂较宜。常见的施用技术如下:

(1)喷雾法:将菌剂按说明加水或加油稀释,用喷雾器将菌液均匀喷洒于虫体和枝叶上。对白僵菌。可以再加入0.05%洗衣粉液作为黏附剂,增进粘着性能,提高效果,一般菌液量与洗衣粉液量之比为1:5。

(2)喷粉法:在干旱缺水地区,一般采用喷粉法。将真菌农药粉剂用喷粉器喷菌粉。但喷粉效果往往低于喷雾。在林业上,可以制成菌粉弹,用专门的喷粉炮打出,在天空中爆炸后降落于林间防治害虫。

(3)菌土法:防治地下害虫常用的方法。将菌粉+细土制成菌土,一般按 $1hm^2$ 用菌粉55kg,用细土450kg,混拌均匀即制成菌土,含孢量为 $10^7 ~ 10^8/cm^3$。施用菌土可在播种和中耕两个时期,在表土10cm内使用。

(4)与低毒高效化学杀虫剂混合使用:很多试验结果表明:以低于致死量的某些化学杀虫剂与杀虫真菌农药混用,可使害虫对病原菌更易感染,增强防治效果。如吡虫啉、除虫菊素等。注意真菌孢子一般不耐碱性,应避免与碱性农药混用,并尽可能现配现用。

(5)与胃毒性杀虫剂混合使用:触杀性真菌制剂可与胃毒性杀虫细菌制剂、病毒以及其他杀菌真菌制剂混合使用,以取长补短，扩大治虫范围，利用不同杀虫机理，提高防治效果。

（6）油悬浮剂应采用超低量喷雾：以避免油脂对作物的药害；由于油悬浮剂黏度较大，不能用常规喷雾器具施用。

31. 绿僵菌的主要产品和杀虫对象有哪些？

答：（1）蝗绿僵菌（*Metarhizium acridum*）制剂：主要防治对象为蝗虫。1989年英国国际生防研究所首次将蝗绿僵菌制成高浓度孢子油悬浮剂"Green Muscle"，在施药前再与植物油混合，成功地解决了真菌农药在干旱条件下的应用难题，为扩大了真菌农药的应用范围提供了新的方法。20世纪90年代澳大利亚的蝗虫生物防研究项目（CSIRO）研制出了蝗绿僵菌农药"Green guard"，已应用于大面积草原蝗虫防治，施药2周内防效达90%。2001年起，利用具耐高温、毒力高、专杀蝗虫、产孢量大、抗污染力强等优良特性的蝗绿僵菌菌株CQMa102，我国也出研制出稀释型和直喷型"归燕牌"蝗绿僵菌油悬浮剂，田间笼罩和大面积试验表明，该产品10天内防效达80%～90%（图3-4）。目前，归燕牌蝗绿僵菌油悬浮剂已用于蝗区大面积飞机喷洒防控飞蝗和草原蝗虫，成为我国蝗区绿色防控的生防手段。

（2）金龟子绿僵菌（*M. anisopliae*）：菌株多、杀虫谱广，可以防治蛴螬等地下害虫以及鳞翅目、蜚蠊目害虫等近百属的昆虫。重庆重大生物技术发展有限公司生产的归燕牌金龟子绿僵菌乳粉剂和微粒剂已通过田间药效登记防治试验，进入产品正式登记阶段。

（3）大孢绿僵菌（*M. mujus*）：重庆大学以对土栖天牛有良好杀虫效果的大孢绿僵菌菌株，研制出微粒剂和乳粉剂两种制剂。采用接种体浓度 1×10^6 个孢子/μL 油悬浮剂，对土栖的蔗根土天牛（*Dorysthenes granulosus*）以及蛀干为害的橘褐天牛（*Nadezhdiella cantori*）、双条杉天牛（*Semanotus bifasciatus*）、桑粒肩天牛（*Apriona germari*）幼虫杀虫活性点滴法测试，显示侵染活性明显。已在广西、广东和云南甘蔗产区通过种蔗处理和根部拌土施药，对蔗根土天牛的防治效果达到80%~85%。大孢绿僵菌在国外还用于研发防治蚊子幼虫孑孓的制剂。

32. 还有哪些其他有产业化潜力的杀虫真菌？

答：（1）莱氏野村菌（*Nomuraea rileyi*）：对夜蛾科昆虫有良好防效，适用于黏虫、棉铃虫和斜纹夜蛾、甜菜夜蛾和甘蓝夜蛾等夜蛾科害虫的生物防治。该菌难于以液固两相发酵获得分生孢子，因此限制了该菌生防制剂的研发生产与应用。重庆大学利用液体发酵工艺专利技术，成功诱导生产出莱氏野村菌微菌核（Microsclerotia，MS）。这是一种由厚壁、色素化菌丝细胞组成的直径200~600μm的休眠繁殖体结构，具有良好的杀虫活性、抗逆性强、可长期贮存和持续侵染的优点，为野村菌制剂的创制提供了新的有效成分。

（2）蜡蚧蚧霉（*Lecanicillium lecanii*）：原称蜡蚧轮枝菌。是一种寄主范围和地理分布广泛的虫生真菌。蜡蚧蚧霉的寄主范围十分广泛，主要寄生同翅目昆虫，特别是蚜虫、粉虱和蚧类，也有寄生于其他目昆虫（例如：直翅目、半翅目、缨翅目、鞘翅目、鳞翅目和膜翅目）及寄生螨类报道。此外，还作为一些种类为植物病原菌的寄主菌。但目前主要是作为温室害虫如蚜虫、粉虱、蓟马的生防真菌。由于它寄主范围广、地理分布广、不污染环境、对人畜和天敌昆虫安全，是具有发展潜能的杀虫真菌之一。

（3）拟青霉属（*Phaecelomyces lilycinus*）：拟青霉是一种杀伤

力强、寄主范围广的昆虫病原真菌，拟青霉属多数种类具有生活力强、适应性广、易于培养、孢子丰富、容易扩散的特点，有些种类的代谢产物也具有较强的杀虫活性和生理效应。拟青霉能有效防治松小蠹、松梢螟、松叶蜂、叶蜂、叶蝉等多种害虫。开发利用拟青霉属虫生真菌有着广阔的前景。如淡紫拟青霉（*Phaecelomyces lilycinus*）可用于多种蔬菜根结线虫病的防治。由于棒束孢属（*Isaria*）的分生孢子在棍棒状的孢梗束上产生而从孢梗产孢的拟青霉属分出；常见种类如玫烟色棒束孢（*Isaria fumoaoroeue*）可以防治蚜虫、飞虱和蓟马等刺吸式害虫。

（4）虫霉：是接合菌门（Zygomycota），虫霉目（Entomophthorales）的重要虫生真菌类群，广布于全世界，多为昆虫的专性病原菌。早在《旧五代史·五行志》中就对蝗虫因感染蝗噬虫霉抱草而死的典型症状做了记载。虫霉在害虫种群控制过程具有重要的作用，如新蚜虫疠霉（*Pandora neoaphidis*）在十字花科蔬菜和小麦蚜虫中长期流行。

（5）微孢子菌（*Nosema*）：原称为微孢子虫。依据现代真菌分类系统将其归入低等真菌，是一类专化性强的杀虫真菌。国内外已用于大面积害虫防治的有蝗虫微孢子（*Nosema locstae*）液体制剂，行军虫微孢子及云杉卷叶蛾微孢子虫。1986 年北京农业大学从美国引进的蝗虫微孢子虫在防治草原蝗虫方面取得了显著效果，能有效地引起蝗虫流行病、降低虫口密度，达到长期防治的目的。

33. 木霉菌剂有哪些生防功能？

答：（1）木霉菌次生代谢产物的抗生作用：哈茨木霉对菜豆锈病的防治作用就是依靠其次生代谢物的抗生作用。各种木霉产生的挥发性和非挥发性抗菌次生代谢产物可达数百种。如哈茨木霉可产生 12 种，绿色木霉、康宁木霉和钩状木霉可分别产生 10 种、9 种和 7 种，其中，已经被鉴定的抗菌次生代谢产物包括胶毒素、二甲氧基木霉素、绿粘帚霉毒素、绿胶霉素、绿毛菌醇和抗菌肽等。

（2）植物—木霉菌—病原菌互作诱导植物系统抗性：木霉菌可通过诱导植物免疫系统的基因表达，实现对病害的防控。木霉菌诱导植物抗性可通过以下 3 个途径实现：增强 MAMPs 分子激发的免疫反应（MAMPs-triggered immunity，MTI）；减少效应子诱发的感病性（effector- triggered susceptibility，ETS）；提高效应子激发的免疫反应（effector-triggered -triggered immunity，ETI）。

（3）木霉菌与植物病原菌互作：木霉菌识别植物病原真菌后，可分泌一系列细胞壁降解酶（如 β-1，6-葡聚糖酶、Chit42、Chit33、nag-1）和次生代谢产物，形成侵入结构，最终完成重寄生过程。这一过程受 G 蛋白和 MAPK 信号调控。研究证实 G 蛋白和 cAMP 信号对深绿木霉与病原菌互作的调控作用，其中，Tgal 和 Tga3（即两种 G 蛋白的 α 亚基）可以调控木霉分生孢子的形成、重寄生作用和 cAMP 产生，同时影响了抗菌物质和几丁质酶的形成，cAMP 的 G 偶联受体蛋白基因 *gpr*1 参与了调控对病原菌的重寄生过程。

（4）木霉菌与寄主植物互作：木霉菌诱导植物的 MTI 将超过病原相关分子模式激发的免疫反应（PTI）效应，主要是由于木霉菌可产生大量的植物效应分子（MAMPs），例如，丝氨酸蛋白酶、22 kDa 木聚糖酶、几丁质脱乙酰基酶、几丁质酶 Chit42 等。此外，木霉菌可以特异性诱导植物 MAPK 基因（TIPK）表达。同时，木霉菌次生代谢产物可参与植物抗病性的诱导。目前，已发现 40 多种化合物的上调表达，可能与寄主植物系统防御反应相关。

34. 木霉菌剂的使用方法有哪些?

答：常用的木霉菌剂施用方法包括土壤处理、种子处理、表面喷施、混合使用和树干注入等。

（1）土壤处理：将木霉固体发酵后拌成土壤添加剂防治植物立枯病和枯萎病，防效达 80% 以上。Elad 及他的同事们在1980 年把在麦麸、木屑混合物上培养的哈茨木霉施入带有立枯丝核菌和白绢菌的土壤中，不仅可以使菜豆立枯病的发病推迟60 天左右，而且减轻了危害，菜豆平均增产 2%；同样施用后也使棉花病害和番茄病害的发病率分别减轻了 50% 和 20%。Root Pro 是由 Mycontrol 公司新近开发的一种施用于蔬菜育苗床的土壤处理剂，用含有木霉菌的 Root Pro 土壤处理剂与苗床土按1∶100比例均匀搅拌，然后播种，可以有效地防治由终极腐霉菌、立枯丝核菌、小菌核菌、尖孢镰刀菌及交链孢霉菌等土传病原菌引起的苗期病害。

（2）种子处理：据李宏科报道播种前每千克种子用 10g 菌粉拌种，防治温室黄瓜根腐病，防效达 50%。另外，用木霉菌作种子包衣，对于防治苗木出土前和出土后的猝倒病有特效。将木霉粉或每毫升 5 亿个分生孢子制成包衣剂（可用甲基纤维素作粘着剂）拌种，可以有效地防治菜豆、番茄、辣椒和棉花等作物的猝倒病。四川省农业科学研究院新近研制的木霉制剂用于灰霉病的防治取得显著防治效果。

（3）表面喷施：木霉菌制剂不仅可以有效地防治土传病害，而且对于枝叶果实病害也有较好的防效。田连声等利用木霉菌T5 菌株的孢悬液防治草莓灰霉病，防治效果可与常用的化学农药相媲美，其防效均在 80% 以上，而且这种生防制剂无残毒、无污染、使用安全，在草莓等鲜食果品生产中具有较大的推广价值。

（4）混合使用：木霉菌和杀菌剂的组合应用可以明显增强生防效果，同时减少杀菌剂的用量，减少环境污染，降低农药残留量，减轻对环境中有益微生物的破坏。木霉作为一种腐生真菌，通常要比致病真菌能抵抗一些极端的理化逆境，木霉对广谱性杀菌剂有较强的耐性，而且在被处理的土壤中，木霉远比其他真菌定殖迅速，而病原菌和土壤微生物区系可被化学农药所减弱，因此使木霉菌防治效果更好。如在用溴甲烷、五氯硝基苯等杀菌剂处理土壤后，施入木霉菌制剂，可以在人工控制和大田条件下防止病原菌的再侵染，提高了花生立枯丝核菌和白绢菌的防治效果。这种防治方法的结合一方面可以减少杀菌剂的用量及残留量，另一方面可以提高生防制剂的效果。

（5）枝干注入：新西兰已经登记 3 种控制果树银叶病的木霉制剂，这些制剂均采用 *Trichoderma harzianum* + *Trichoderma viride* 组合，制成木拴或注射或涂伤口的方法使用。我国也有对染有轮纹病菌的苹果枝条打孔，注射入木霉孢子液，取得了良好防治苹果轮纹病的效果。

35. 木霉菌剂能与化学农药和 肥料混用吗？

答：（1）木霉菌剂可以与化学农药混用：木霉菌是一类应用普遍的生物防治真菌，可通过多种机制控制病原菌的侵染和病害的发生。国际上已将木霉菌剂与化学农药混配或交替使用防治植物病害。如将木霉菌剂与速克灵混配防治草莓灰霉病，防治效果均优于生物菌剂与杀菌剂单独使用。如哈茨木霉与多菌灵复合，复配菌剂对水稻苗期立枯病的防治效果达到了 82%、25%，两者单独使用时的防效均低于 30%。木霉菌与申嗪霉素进行复配后，促进玉米的生长，增强对纹枯病的防效。木霉菌粉剂可与阿维菌素、申嗪霉素、井冈霉素、蜡质芽孢杆菌等生物农药混配包被种子，有利于出苗和幼苗生长，可实现病虫兼治和防病增产作用，具有良好的应用前景。

（2）木霉菌剂可以与氮磷钾肥及营养元素混施：研究表明，硫酸钾对木霉菌菌株 T23 菌落增长具有刺激作用，尤其对孢子形成以及处理后期定殖土壤的作用明显；施钾肥可在提高作物自身抗病性的同时，增强木霉菌的生防效果；将二钼酸铵、硫酸锰、硫酸钙、硫酸铜和磷酸二氢钾等作为增效因子适量加入木霉菌生防制剂，可提高其在作物根际的定殖竞争力和生防效果。尿素对木霉菌菌株 T23 产孢和菌丝生长有明显的抑制作用，不利于其在土壤中的定殖；过磷酸钙有轻微的抑制作用。但是，氮肥过量可能会导致木霉菌剂防效不稳。

36. 木霉菌剂能够在常温下保存吗？

答：作为微生物活菌制剂的木霉菌，有效成包括分生孢子和厚垣孢子，目前，商业化的木霉菌剂多以分生孢子为主。分生孢子培养条件宽泛，固体和液体培养基都能培养，采用液固两相发酵方法，孢子活性能达到每克 10 亿甚至几十亿个，但分生孢子相对不耐贮存；而木霉菌的厚垣孢子虽然具有抗逆性强、存活期长、易贮藏等优点，但是，厚垣孢子培养条件苛刻，产孢数量少，限制其商业化开发。因此，现在的木霉菌剂还是以分生孢子产品为主。研究表明，4℃贮存 180 天后孢子分生孢子萌发率在80% 以上，360 天后孢子萌发率为 25%。建议木霉分生孢子储藏条件采用低温保藏方式。将木霉菌分生孢子和一些保护剂和稳定剂等混合，如二甲基二萘磺酸钠（NNO）、吐温 80、聚乙二醇、大豆卵磷脂和黄原胶等，制备成木霉菌可湿性粉剂，可以提高木霉菌剂的常温耐储性。测试表明，木霉菌可湿性粉剂在常温阴凉处贮藏期可达 1 年。木霉菌厚垣孢子菌剂活孢子数最高达 1 亿，上海交通大学研发的木霉厚垣孢子菌剂按照优化比例（1% 孢子粉、89% 载体、9.1% 分散剂、0.25% 稳定剂和 0.65% 保护剂）分别加入搅拌机，搅拌均匀，制备的木霉菌剂抽真空后，采用避光包装，产品质量稳定，货架期常温下可达到 6 个月，厚垣孢子含量仍然维持 5×10^7 个/mL。

37. 木霉菌剂有哪些剂型？

答：目前，生产上常用的木霉菌剂主要有：粉剂、可湿性粉剂、拌种剂和颗粒剂。

（1）粉剂：将哈茨木霉 T39 菌株通过液体发酵，固态发酵，发酵产物经干燥室风干 3~5 天，与载体（硅藻土）混合，经粉碎机粉碎，最终成为木霉粉剂。可用于种子包衣或土壤处理，能有效地防治苗期病害；或在叶部、土壤或有机质肥料表面按 500~1 000 倍喷撒。

（2）可湿性粉剂：制备流程为木霉菌株经活化，种子制备，接入发酵罐进行发酵产厚垣孢子或分生孢子，加入少许载体，经离心喷雾干燥机，制成孢子粉，孢子粉活孢含量为 10^{10} 个/g。按孢子粉 1%、载体 89%、分散剂 9.1%、稳定剂 0.25%、保护剂 0.65% 的优化比例加入搅拌机，搅拌均匀，制备可湿性粉剂，菌剂中加黄腐酸钠，可有效保护木霉菌分生孢子释放田间后紫外线照射，木霉粉剂抽真空，用避光袋子包装，提高产品的稳定性和货架期。木霉可湿粉制剂可用于种苗、种薯与块茎的浸泡处理：种苗、插穗以木霉 300~500 倍稀释液浸泡后直接扦插。苗栽以木霉菌 300~500 倍稀释液整株浸泡后直接种植。球茎与块根以木霉菌 300~500 倍稀释浸泡种后直接种植。

（3）油悬乳剂：分生孢子悬浮在由矿物油或植物油与乳化剂等助剂组成的乳液中而配制的制剂。

（4）拌种剂：对木霉菌发酵液进行固体发酵得到木霉菌发酵产物，经粉碎、过筛后得到孢子粉，用粘着剂将粉剂包被至种子表面，形成木霉菌拌种剂。成膜剂的加入可以有效的降低成膜时间，与发酵液的配比为 7∶200 时，成膜时间 10min。高浓度的木霉厚垣孢子发酵液对玉米出芽具有明显抑制作用，随着孢子浓度的降低抑制作用逐渐降低。

（5）颗粒剂：由分生孢子与载体混合搅拌而成。如采用滴色科（DISCO）成膜剂将木霉孢子粉与玉米粉和高粱粘合在一起制成颗粒剂，经过40℃干燥3 h后贮藏封装而成。颗粒剂撒入土壤，木霉菌可以生长良好。

38. 其他真菌生防菌剂及其用途？

答：除了杀虫防病真菌农药外，真菌除草剂的研制开发工作也在国内外大力开展。以生防真菌制剂感染靶标杂草使其流行病害，以便控制杂草生长。目前具有除草活性的真菌包括炭疽菌属（*Colletotrichum*）、镰孢属（*Fusarium*）、交链孢属（*Alternaria*）、葡萄孢属（*Botrytis*）、尾孢属（*Cercospora*）、柄锈菌属（*Puccinia*）、叶黑粉菌属（*Entyloma*）、壳二孢属（*Ascochyta*）和核盘菌属（*Sclerotinia*）等 9 个属以及卵菌的疫霉属（*Phytophthora*）。总共有41 个属的真菌已经或正在被考虑作为生物除草剂的候选。自20 世纪80 年代以来，利用微生物资源开发除草就已成为杂草微生物防治研究的热点。目前，国际上已有多个商品化的微生物除草剂，已进入应用的真菌除草剂有：Collego 制剂主要用来防除水稻与大豆田苗后的杂草田皂角；DeVine 制剂用来防除柑橘园及其他多年生作物田中的莫伦藤；Biochon 制剂用来防止伐

木 树 桩 再 生；Casst 防 除 大 豆 及 其 他 作 物 田 中 的 莔 麻；BrlBiosedge 防除油莎草；BioMal 防控圆叶锦葵和中国鲁保一号曾被用来防除大豆菟丝子。

尽管在生物除草剂的报道中真菌除草剂的研究不少，但因真菌的孢子制剂对环境条件要求严格，在批量生产、配方、贮藏等技术问题上要求过高，目前国内没有产生显著的社会和经济效益。

捕食线虫真菌也是生防制剂的开发利用热点。捕食是一种生物攻击另一种生物的一种拮抗形态。节丛孢属（*Arthrobotrys*）和单顶孢属（*Monacroporium*）的捕食线虫真菌能够长出特殊的捕食器官捕食线虫。云南大学张克勤教授团队在这一领域开展了卓有成效的基础研究和产品开发，取得了令人瞩目的成果。

39. 国内真菌杀虫剂产业化和真菌农药的发展趋势如何？

答：我国研究、开发和利用已有数十年的历史。与其他生物农药相比，白僵菌、绿僵菌和木霉为代表的真菌农药的研究是除苏云金杆菌制剂研究之外的最大热点。近年来，我国加强了真菌生物农药的基础研究和产业化力度，取得了突破性进展。我国的杀虫真菌制剂的产业化液固发酵生产线已初具规模，涌现出一些真菌产业化生产企业。

江西天人生态集团利用安徽农业大学的研究成果和中国科学院过程研究所发明的"气相双动固态发酵技术"从根本上解决了常规真菌开放式发酵易染菌、质量难控制的弊病，拥有母药和系列商品化制剂的生产工艺和量产能力。

重庆重大生物公司依托重庆大学，历经十年完成绿僵菌生物农药的创制，获得新农药正式登记证、生产批准证书和企业标准的注册登记，自主设计、建成了具有自主知识产权，国际先进的液-固两相真菌农药封闭式、半自动成套生产线，具备年产真菌孢子粉母药200t、真菌制剂3 000t的生产能力。

上述真菌生物农药生产线的建成投产，全面提升了我国真菌杀虫剂工业化水平。成为我国少有的获得真菌杀虫剂"三证"的高新技术企业，是我国发展真菌杀虫剂的成功案例。目前我国的真菌生物农药继续沿着生产规模化、剂型多样化、产品多元化、营销国际化的方向发展。随着农药管理新条例的颁布和生物农药登记优惠措施执行，将有更多的优质高效真菌生物农药问世，为我国实施生态农业、绿色植保、专业化统防统治提供更多选择。

第四章　病毒农药

40. 什么是昆虫病毒，它的主要特性是什么？

　　答：病毒是非细胞形态的最小有机体，是一种最原始的生命形态，病毒粒体的基本构造分两部分，内部是核酸，外层是成分为蛋白质的核衣壳，但有些病毒是裸露的核衣壳。生命现象主要体现在核酸具备遗传复制、繁殖病毒颗粒的能力，但只有侵入到寄主细胞内，才能借助寄主细胞的新陈代谢功能和酶系统进行自我复制，形成新的病毒颗粒，破坏寄主细胞的正常代谢系统，新复制的病毒粒体充满整个细胞，使寄主细胞死亡，死亡的寄主细胞体内都是新形成的子代病毒。病毒在空气中或者其他载体上就像一个蛋白质的大分子，虽然保存着遗传繁殖能力，但没有任何生命现象。这种现象人们理解为非生物物质。只有在特异的寄主细胞内才突显出其本质的生命特征。昆虫病毒杀虫剂是一类以昆虫为寄主的病毒类群，以其高度的专一寄生性及持效作用长等优点在近年来得以发展迅速。但使用病毒杀虫剂也有一定缺点，如宿主范围窄，施用效果易受外界环境影响等。

　　近年来，我国已有 20 多种昆虫病毒杀虫剂进入了大田试验。但目前在果树害虫防治上的昆虫病毒较少。主要有 3 类：核型多角体病毒、质型多角体病毒以及颗粒体病毒。

　　（1）核型多角体病毒。病毒感染昆虫后，经增殖在中肠内释放出来的病毒粒子穿过中肠细胞进入体腔，继而侵入到各组织细胞的细胞核内大量增殖，逐渐形成多角体，导致细胞核破裂。

反复侵染，整个昆虫组织细胞充满病毒，最终昆虫死亡。虫尸倒挂在枝条上。

（2）质型多角体病毒。病毒粒子仅在中肠和后肠的细胞质中增殖，不侵染其他组织细胞。引起虫体食欲不振，口吐黏液，腹泻、死亡。虫尸不倒挂。

（3）颗粒体病毒。病毒粒子能侵染昆虫的各组织细胞，在细胞核和细胞质中都可以增殖，形成圆形或椭圆形的包涵体（图4－3）。

41. 病毒与其他生物有何区别?

答：（1）病毒只含有一种核酸，脱氧核糖核酸（DNA）或者核糖核酸（RNA），而其他生物一般都同时含有两种核酸 DNA 和 RNA。

（2）病毒通过复杂的生物合成过程依靠自身的核酸进行复制，不像细菌和真菌那样通过二分裂方式，或类似二分裂方式进行繁殖。

（3）病毒缺乏完整的酶系统，不含核糖体，没有细胞构造如细胞器。只能利用寄主细胞核糖体合成自身蛋白质、乃至直接利用寄主细胞的成分。因此，病毒是严格生活在寄主活体细胞内的寄生物，它们依赖细胞的合成机构以繁殖有感染性的病毒粒子。

（4）病毒对于抗生素或其他微生物代谢途径起作用的因子不敏感，所有的抗生素对病毒性疾病都不起治疗作用。

（5）病毒的体积很微小，一般以纳米（nm）计算，大的病毒相当于小的细菌，小的病毒相当于大的蛋白质分子。如菜青虫颗粒体病毒颗粒非常小，只有在电镜下放大1万倍才能看清它的形态特征。

（6）病毒的繁殖方式特殊，不能在无生命的培养基中繁殖，只有在寄主昆虫细胞内繁殖，寄主昆虫生命力越强，新陈代谢越旺盛，其病毒繁殖越活跃。因此，一头昆虫幼虫就是一个病毒制造厂。

42. 昆虫病毒制剂的研发历史与现状如何？

答：昆虫病毒是自然界生态链中的一个控害因子，我国首先报道松毛虫质型多角体病毒、茶尺蠖核型多角体病毒等数种。重要种类有棉小造桥虫、舞毒蛾、杨扇舟蛾、绿刺蛾、黄刺蛾、茶毛虫、茶小卷叶蛾、油桐尺蠖、黏虫、棉铃虫、斜纹夜蛾核型多角体病毒、赤松毛虫质型多角体病毒和黄地老虎颗粒体病毒。非包涵体病毒没有蛋白质外壳包裹，容易受环境影响而失活，而且对常用消毒剂敏感，不宜用来制作病毒杀虫剂。

武汉大学病毒研究所对菜青虫颗粒体病毒进行系统的基础理论和应用技术研究。运用超薄切片法、酶联免疫、电子显微镜、生物化学和组织培养等技术，对菜青虫颗粒体病毒的理化性质、病毒学、血清学、病毒使用的安全性、昆虫人工饲养、昆虫组织培养、病毒制剂生产工艺和标准化及病毒在田间流行传播的规律等方面，都进行了较全面的研究，并在全国20余个省市进行田间试验和大田推广示范，W1-78菜青虫颗粒体病毒制剂防控效果良好。

按照菜青虫病毒的病征、形态、大小、DNA病毒以及对宿主的感染性，参照国际统一的分类命名系统，菜粉蝶颗粒体病毒株。死虫采回经研磨过滤，运用低速差异离心、蔗糖梯度或超速离心等方法，都能分离出灰白色颗粒体沉淀物。但这种颗粒体虽然不能溶于水，但极易悬浮于水中，在0.1%的浓度下悬浮液成乳白色，用这种悬浮液饲喂健康菜青虫2~3龄幼虫，幼虫 3 天后滞食或停食、行动迟钝、发育缓慢、体节略肿胀，体色由灰绿渐黄、黄绿、黄白，腹部表面变为白色，病虫爬至叶缘、叶面，多以腹足或尾足附着倒挂或倒"八"形而死，死虫体液乳化，流出淡白黄色脓液略有腥味。在 2 000 倍显微镜下，不用染色可见蓝色折光性强，具有立体感的亮点，在 5 万倍电镜下观察，其形态呈椭圆形或卵圆形，其形态大小为（330 ~ 500）nm ×（200 ~ 290）nm。

武汉大学病毒研究所对菜青虫颗粒体病毒进行系统的基础理论和应用技术研究。运用超薄切片法、酶联免疫、电子显微镜、生物化学和组织培养等技术，对菜青虫颗粒体病毒的理化性质、病毒学、血清学、病毒使用的安全性、昆虫人工饲养、昆虫组织培养、病毒制剂生产工艺和标准化，及病毒在田间流行传播的规律等方面，都进行了较全面的研究，并在全国二十余个省市进行田间试验和大田推广示范，都反应效果好。

1990 年，高尚荫先生带领的科研团队申报的"昆虫病毒理论基础及应用技术研究成果"获得了国家自然科学二等奖，为昆虫病毒产业化研究奠定了基础。1999 年由投资者将昆虫病毒杀虫剂技术成果转化成商品，先后成立了武大绿洲昆虫病毒杀虫剂企业，为农业粮、棉、果、茶、蔬、林的植物提供安全无公害的昆虫病毒杀虫剂产品。近年来，我国已有 20 多种病毒杀虫剂进入了大田试验。昆虫病毒杀虫剂是一类以昆虫为寄主的病毒类群，以其高度的专一寄生性及持效作用长等优点在近年来得以发展迅速。但使用病毒杀虫剂也有一定缺点，如宿主范围窄，施用效果易受外界环境影响等。

43. 昆虫病毒种类及其已开发的病毒杀虫剂产品有哪些?

答: 根据 1986 年国际组织对昆虫病毒的统计种数公布,共计 1 671 种之多,据 1999 年公布的国际病毒分类委员会第七次报告,昆虫病毒分属于 13 个病毒科、2 个病毒亚科、21 个病毒属,如杆状病毒科、多分 DNA 病毒科、痘病毒科、泡囊病毒科、虹彩病毒科、细小病毒科等等。但并不是所有病毒都能开发成病毒杀虫剂,凡是将昆虫病毒开发成病毒杀虫剂商品,必须具备 3 个条件:首先该昆虫必须是农业生产中作物的主要害虫,很容易获得健康的昆虫宿主;其次该病毒必须安全、稳定性好;再其次是必须通过人工方法可以大量饲养昆虫幼虫才能获得病毒原药。如伊蚊以吸人血或动物血液为主,即使通过人工方法获得大量病毒也无法进行防控试验,再如螨类昆虫因个体太小、饲养困难,获得病毒也不容易。因此,目前昆虫病毒杀虫剂主要是以鳞翅目昆虫为主,对食叶类害虫和蛀食性害虫利用昆虫病毒防治可以长期控制其虫口基数。

目前,武汉楚强生物科技有限公司、河南济源白云实业有限公司和江西新龙生物科技有限公司等 23 家病毒杀虫剂企业开发的昆虫病毒杀虫剂产品 45 种。核型多角体病毒种类如棉铃虫、甜菜夜蛾黏虫、斜纹夜蛾、甘蓝夜蛾、茶尺蠖、草原毛虫、苜蓿银纹夜蛾;松毛虫质型多角体病毒;菜青虫、小菜蛾颗粒体病毒;蟑螂浓核病毒(彩图 4 - 1 至彩图 4 - 3)。

44. 昆虫病毒杀虫剂的优缺点有哪些?

答: 昆虫病毒生物农药的优点包括致病力高、特异性强、持续有效、天敌安全、生态安全、不易产生抗性、低碳节能。

（1）致病力高：如甜菜夜蛾只要吞食 6～30 个病毒包涵体，就不可逆转的死亡。

（2）专一性强：昆虫病毒只对靶标昆虫具有感染作用，虽然有的昆虫病毒对其他昆虫也有交叉感染性，但感染率都较低，基本上达不到防治效果，对动植物没有致病性。因此昆虫病毒的专一性决定了在杀死靶标害虫的同时不会破坏生态系统。

（3）持续有效：被昆虫病毒感染致死的昆虫液体残留在植株或杂草、土壤中，通过风吹、雨水冲刷、天敌和人工活动的传播扩散，只要被宿主昆虫吞食，就会发二次感染。总之，昆虫病毒释放于田野植物中，就会形成昆虫流行病，长期控制虫口基数。

（4）天敌安全：昆虫病毒是自然生态链中一环固有的生态自控因子，昆虫病毒在杀死靶标害虫的同时，保护了大量的天敌，如草蛉、瓢虫、蜘蛛、马蜂、赤眼蜂、绒茧蜂等，这些天敌又可控制那些昆虫病毒不能防治的其他昆虫，如蚜虫、红蜘蛛、蓟马、小绿叶蝉等害虫。因此，用昆虫病毒防治害虫既可以保护有益天敌，有利于生态修复。

（5）生态安全：胞内寄生的昆虫病毒离开宿主细胞就后没有任何生命功能，对水、土壤、动物、植物没有任何伤害，对人不会产生药害，对植物无任何不良影响。因此，昆虫病毒不会造成环境污染，不会影响农产品品质，无残留。长期使用，可使农业生态得到恢复。

（6）害虫不易产生抗性：因为病毒无细胞构造，没有完整的酶系统，不易产生抗性，从家蚕病毒发生以来，人们试图筛选一个抗家蚕病毒的抗性品种，到目前尚无报道，昆虫病毒从使用到现在，几十年来，还没有对昆虫病毒产生抗性的报道。

昆虫病毒生物农药的缺点如下。

（1）杀虫速率慢，害虫吞食感染后有 3～5 天的潜伏期，害虫死亡高峰期需要 7 天。

（2）专一性强，一种作物上同时出现几种害虫时，昆虫病毒只对靶标害虫起防治作用，不能兼治其他害虫，成为昆虫病毒农药的缺点之一。

（3）病毒农药成本较高的成本比化学农药高，要靠饲养昆虫获得病毒原药，劳动力成本高，用于防治害虫的单次成本高。

（4）防治适期技术要求强，首先要求预测预报虫情，在害虫的卵孵化高峰期或 2～3 龄前的幼虫幼龄期防治效果最佳。因为是胃毒剂，对害虫取食的时段、害虫分布的均匀性都要关注，才能达到最理想的防治效果。

45. 昆虫病毒生防制剂的杀虫机理是什么?

答: 昆虫病毒是专化性感染昆虫活体细胞的非细胞形态病原微生物，病毒增殖所需要的养分、能量和生物合成的场所均由宿主细胞提供，在病毒核酸的控制下合成病毒的核酸（DNA 或 RNA）与蛋白质等，然后在宿主细胞的细胞核或细胞质内装配成为成熟具有感染性的病毒粒子，再以各种方式释放于细胞外，感染其他细胞，这种增殖方式称为复制。整个过程称为复制周期。昆虫病毒体内复制的周期可分为吸附、侵入、脱壳、生物合成、装配与释放 5 个连续步骤，每一个步骤的长短随病毒种类、病毒核酸类型、温度及宿主细胞种类不同而不同。如果其中某一阶段发生缺损，就可导致复制过程的不正常，形成顿挫感染和缺损病毒。这个病毒的复制周期也就是害虫感染的潜伏期一般在 5～11 天。因此，病毒生防制剂的杀虫速度较慢，害虫得病需要较长的过程。病毒复制后从细胞中释放出来，以稳定而无活性的大分子存在，只有被靶标害虫吞食后才开始新的胞内复制周期。

46. 昆虫病毒的侵入方式与其他病毒有何不同?

答：昆虫病毒的侵入方式取决于宿主细胞的性质，尤其是它的表面结构，侵入敏感细胞的有不同方式：痘病毒一般借助吞噬作用或吞饮病毒将整个病毒粒子包入敏感细胞内，这是一个主动过程。具脂蛋白囊膜人类流感病毒，其囊膜首先与宿主细胞膜融合成相互作用脱去囊膜，核衣壳直接进入细胞质中。松毛虫质型多角体病毒某些病毒粒子与宿主细胞膜上的受体相互作用，从而使核酸侵入细胞质中，如有的病毒能以完整的病毒粒子直接通过宿主细胞膜，穿入细胞质或细胞质中，如蟑螂浓核病毒。

47. 昆虫病毒是如何合成与释放的?

答：（1）昆虫病毒的生物合成包括核酸的复制和蛋白质的合成，病毒侵入敏感细胞后，将核酸释放于细胞中，病毒粒子已不存在，并失去了原有的感染性，进入了潜隐期，开始了生物合成。与此同时，宿主细胞的代谢已发生了改变，生物合成受病毒核酸所携带的遗传信息所控制。病毒利用宿主细胞的核糖体、RNA 以及酶、TP 等，进行病毒核酸复制，并合成大量病毒蛋白质。

（2）昆虫病毒的释放指的是成熟的病毒粒子从被感染细胞内转移至外界的过程称为病毒的释放。动物病毒的释放方式多样，有的通过局部破裂或溶解而释放，如裸露的腺病毒。有的具囊膜的病毒则通过与吞饮病毒相反的"出芽"作用或细胞排废作用而释放。有的沿细胞核周围与内质网相通部位从细胞内逐渐释放，大部分病毒则留在细胞内，通过细胞之间的接触而扩散出来。

48. 昆虫病毒母药是怎样生产的?

答：昆虫病毒就是用昆虫幼虫生产的，如棉铃虫病毒就是通过大量饲养棉铃虫健康幼虫获得，甜菜夜蛾就是饲养甜菜夜蛾健康幼虫获得的。需要哪种昆虫病毒就需要饲养哪种昆虫，不过需要具备几个条件，首先要了解昆虫生态过程、生活习性、研究昆虫饲养技术和方法、开发研究昆虫人工饲料、建设具有模拟自然界气候的无菌养虫室，再进行昆虫病毒的感染，获得大量的病毒。

以饲养甜菜夜蛾为例：

（1）依据甜菜夜蛾成虫、卵、幼虫、蛹4个虫态的生活习性、生长历期、有效积温、最适温度、湿度、光照等，建立昆虫的饲养档案，有针对性地开发人工饲料，以获得大量的健康幼虫奠定基础。

（2）建立适合各虫态生活习性的无菌温室，培育大量的健康虫源。

（3）在留够虫种的基础上使幼虫感染病毒，在昆虫体内完成吸附→侵入→脱壳→生物合成→装配释放病毒感染过程的5个环节。需要把控关键环节的温度、湿度、光照；避免流产病毒和缺损病毒。

（4）昆虫杆状病毒发育循环包含两个独特的时段。在有效感染的第一时段，在接种后的0~24 h，杆状核衣壳在细胞核内病毒发生基质上装配，核衣壳随后被转运并通过被病毒编码糖蛋白修饰过的质膜出芽，获得囊膜。第二时段接种20~72h，获得囊膜的病毒粒子被包埋进蛋白质基质中，形成多角体，这是昆虫病毒生产过程中的两个重要时段。

49. 制约我国昆虫病毒产业发展的主要因素及如何克服?

答:（1）杀虫谱窄和速效性差是病毒农药最大的短板。昆虫病毒优点是对环境安全,但是鉴于本身的专一性,只针对单一靶标昆虫,杀虫谱窄,不像化学农药可以全面兼治;其次是昆虫病毒的速效性差,因为昆虫吞食病毒后有一个得病的过程,4~7天害虫才会致死。上述问题可以通过筛选更多更好的昆虫病毒农药新品种,综合使用各种生物农药或绿色防控技术加以克服。

（2）中国农业结构的现状问题:现在农业生产现状是家庭承包责任田,零星分散,无法实现病虫害的预测预报和预防,所以推广应用难度非常大。体现在对农药残留检测不到位,即使部分农业生产的有机食品不能让消费者认可,优质不优价。我国20多年生物农药推广的历史证明生物农药的生态效益和社会效益远远大于经济效益,是惠及民生的大产业。需要国家财政给予支持和补贴,由政府组织对生物农药产品的采购,有针对性的对农作物病虫害进行绿色防控。

如鳞翅目的斜纹夜蛾、甜菜夜蛾、棉铃虫、大尺蠖、黏虫等已成为杂食性害虫,为害多种农作物,用生物农药实施预防完全可以控制其虫口基数在允许存在的经济阈值下,又能保护大量的益虫、益蜂和鸟类、青蛙等有益生物,用以控制其他非生物农药的靶标害虫,有农药的靶标害虫,有利于生态平衡。

各级政府应利用电视、电台、报纸等公共宣传平台,对生物农药、对环境保护和生态贡献的优越性进行公益性宣传,让广大民众逐步形成对保护生存环境的共识,提高对环境保护的重要性认识,自觉选择应用有机、绿色、无公害的生物农药。

第五章 微生物源抗生素农药

50. 什么是农用抗生素农药?

答：农用抗生素——是指由微生物发酵产生，具有农药功能用于农业上防治病虫草鼠等有害生物的次生代谢产物。包括：井冈霉素、宁南霉素、申嗪霉素、阿维菌素、多杀菌素、乙基多杀菌素等；农用抗生素实际上是介于生物农药和化学农药之间的一大类重要的特殊农药。农用抗生素简称农抗。农用抗生素产生菌多为链霉菌，也有细菌和真菌。

农用抗生素是随着医用抗生素的发展而发展起来的，它的研发始于美国、英国和日本等国的科学家首先尝试应用链霉素和土霉素等来防治植物病害。1958 年，日本科学家 Takeuchi 等从灰色产色链霉菌中成功分离灭瘟素-S（Blasticidin-S）；1961 年，日本开始大面积使用灭瘟素-S 制剂防治水稻稻瘟病，基本上取代了有机汞制剂的使用，这一成果标志着农用抗生素正式进入植物保护领域。继灭瘟素-S 之后，日本科学家又相继开发了春日霉素（Kasugamycin）、多氧霉素（Polyoxins）和有效霉素（Validmycin）等一系列高效低毒的新型农用抗生素。我国从 20 世纪 50 年代开始农用抗生素的研究，直到 70 年代才逐渐取得较大突破，研制成功并在生产上推广应用的农用抗生素主要有井冈霉素（Jinggangmycin）、多抗菌素（Polyoxins）、春雷霉素等 10 多个品种，其中，井冈霉素已经成为全世界生产规模和应用面积最大的农用抗生素。农用抗生素按照防治对象可分为杀菌剂、杀虫剂、除草剂、防鸡球虫剂和杀鼠剂；我国目前登记的农用抗生素品种和数量占整个生物农药总数的 70%，是农作物病虫害生物防治的主力军。

51. 我国已登记的农用抗生素种类有哪些?

答：我国已登记的农用抗生素共有 20 种，大多为链霉菌所产生的代谢产物。2011 年，在我国重要农作物病虫害防治中，推广示范面积超过万亩的农用抗生素分别是：井冈霉素、阿维菌素、春雷霉素、多抗霉素、链霉素、多杀霉素、宁南霉素和武夷菌素。除此之外，我国已研究开发或正在研发的抗生素还包括杀菌剂：四霉素、庆丰霉素（Qingfengmycin）、那他霉素（Natamycin）、灭粉霉素（Mildiomycin）、长川霉素（Ascomycin）、新奥苷肽（Xinaogantai）、捷安肽素（Jiean-peptide）；杀虫/螨剂：南昌霉素（Nanchangmycin）、梅岭霉素（Meilingmycin）、戒台素（Jietacin）、多拉菌素（Dolamectin）、米尔贝霉素（Milbemycins），其中，米尔贝霉素在欧美和日本等多个国家已登记为高效低毒的杀螨剂。我国目前已登记的农用抗生素种类、产生菌和防治对象详见表 5 - 1。

表 5 - 1 我国登记的农用抗生素种类、产生菌和防治对象

农用抗生素英文名称	产生菌	防治对象
杀菌剂		
硫酸链霉素 Streptomycin	灰色链霉菌 *S. giseus* Waksman & Henrici	大白菜软腐病、黑腐病、黄瓜细菌性角斑病、甜椒疮痂病、菜豆细菌性疫病、火烧病、番茄青枯病
防线菌酮 Cycloheximide	灰色链霉菌 *S. griseus*	樱桃叶斑病、樱花穿孔病、桃树菌核病、橡树立枯病、甘薯黑疤病、菊花黑星病和玫瑰霉病

续表

农用抗生素 英文名称	产生菌	防治对象
宁南霉素 Ningnanmycin	诺尔斯链霉菌西昌变种 S. noursei var. xichangensis	小麦、瓜类、豇豆白粉病、烟草、番茄、辣椒病毒病、大豆根腐病、水稻叶枯病、荔枝龙眼疫霉病
中生菌素 Zhongshengmycin	淡紫灰链霉菌海南变种 S. lavendulae var. hainanensis	菜软腐病菌、黄瓜角斑病菌、水稻白叶枯病菌、苹果轮纹病病菌、茄科蔬菜青枯病
武夷菌素 Wuyiencin	不吸水链霉菌武夷变种 S. ahygroscopicus var. wuyiensis	番茄叶霉病、灰霉病，黄瓜白粉病、黑星病，芦笋茎枯病，西瓜枯萎病，大豆灰斑病，苹果腐烂病
农抗 120	刺孢吸水链霉菌北京变种 S. hygrospinosis var. beijingensis	真菌引起的枯萎、白粉、白绢、立枯、纹枯、茎枯、锈粉、叶斑、炭疽、茎腐、根腐等
公主岭霉素	不吸水链霉菌公主岭变种 S. ahygroscopicus var. gongzhulingensis	种子传染的小麦光腥黑穗病、高粱坚黑穗病及谷子、莜麦黑穗病、水稻恶苗病、稻曲病
四霉素 Tetramycin	不吸水链霉菌梧州亚种 S. ahygroscopicus var. wuzhouensis	果树腐烂病、斑点落叶病、稻瘟病、大豆根腐病、瓜枯萎病、棉花黄萎病、葡萄白腐病、人参黑斑病
申嗪霉素 Shenqinmycin	甜瓜根际假单胞菌 M18 Pseudomonas sp. M18	水稻纹枯病、西瓜枯萎病和辣椒疫霉病
灭瘟素-S Blasticidin-S	灰色产色链霉菌 S. griseochromogenes	水稻稻瘟病和极毛菌属病害
井冈霉素 Validamycin	吸水链霉菌井冈变种 S. hygroscopicus var. jinggangensis	水稻纹枯病、稻曲病、麦类及玉米纹枯病、棉花立枯病
春雷霉素 Kasugamycin	小金色链霉菌 Actinomycetes microaurous	稻瘟病、番茄叶霉病、溃疡病、黄瓜角斑病、枯萎病、炭疽病、柑橘溃疡病、辣椒疮痂病
多抗霉素 Polyoxin	金色产色链霉素 S. aureus	小麦白粉病、烟草赤星病、黄瓜霜霉病、瓜类枯萎病、人参黑斑病、甜菜褐斑病、苹果早期落叶病

杀菌剂

续表

农用抗生素 英文名称	产生菌	防治对象
杀虫/ 螨剂	阿维菌素 Abamectin	阿维链霉菌 *S. avermiilis*	小菜蛾、菜青虫、金纹细蛾、潜叶蛾、潜叶蝇、美洲斑潜蝇和蔬菜白粉虱、果树、蔬菜、粮食等作物的叶螨、瘿螨、茶黄螨和各种抗性蚜虫
	多杀菌素 Spinosad	刺糖多胞菌 *Saccha ropolyspora spinosa*	鳞翅目、双翅目和缨翅目害虫，鞘翅目、直翅目、膜翅目、等翅目、蚤目、革翅目和啮虫目部分种类
	浏阳霉素 Liuyangmycin	灰色链霉菌浏阳变种 *S. giseus var. liuyangensis*	棉花、果树、瓜类、豆类、蔬菜等作物的螨类
杀菌剂	华光霉素 Nikkomycin	糖德轮枝链霉 S-9 *Streptover ticiliumendae* S-9	苹果山楂叶螨和柑橘全爪螨，西瓜枯萎病、炭疽病、灰霉病，苹果腐烂病，水稻穗颈病，番茄早疫病
除草剂	双丙胺磷 Bialaphos-so-dium	吸水链霉菌 *S. hygroscopicus*	一年或多年生禾本科及某些阔叶杂草，如荠菜、猪殃殃、繁缕、婆婆纳、藜、莎草、马齿苋、狗尾草
防球虫剂	盐霉素 Salinomycin	白色链霉菌 *S. albus*	鸡用防球虫剂及仔猪、育肥猪的生长促进剂
杀鼠剂	C/D 型肉毒梭菌毒素 Type-C/D Botulinum	肉毒梭菌 *Clostridium botulinum*	高原鼠兔、鼢鼠

52. 我国已登记的农用抗生素毒性、主要有效成分及其作用机理是什么？

答：根据中国农药毒性分级标准，我国已登记的农用抗生素制剂大多属于低毒农药（表 5 - 2）。灭瘟素-S 对人畜毒性较大

（大鼠急性经口 LD_{50} = 55.9 ~ 56.8 mg/kg），对人体的眼睛有强烈的刺激性，对番茄、烟草、桑树和部分十字花科植物有药害，因此，生产上基本上不使用灭瘟素-S。阿维菌素原药属高毒，对水生浮游生物敏感，应避免污染鱼塘和江河；对蜜蜂有毒，在蜜蜂采蜜期不得在开花作物上使用。目前，以阿维菌素为先导化合物，通过结构改造已形成了活性高、杀虫谱广、对人、畜安全的二代产品：甲氨基阿维菌素（Methylaminoavermectin）。多杀菌素虽是低毒杀虫剂，但对蜜蜂和鱼类有毒，应避免污染水源，最后一次施药距收获期的时间至少为7天。最近，美国陶氏益农公司推出了更安全和高效的多杀菌素换代产品：乙基多杀菌素（Spinetoram），其原药有效成分是乙基多杀菌素-J 和乙基多杀菌素-L 的混合物（比值为 3：1）。

　　农用抗生素主要有效成分的化学结构多种多样，包括氨基糖苷类、嘧啶核苷酸类、大环内酯类、咪唑啉类、杂环化合物类等。许多农用抗生素包含结构相似的系列代谢产物，如井冈霉素含有 A-F 六个组分及有效氧胺 A 和 B，其中，A 组分的活性最强，含量最高，是控制纹枯病的主效成分。四霉素更是包含大环内酯类四烯、肽类和含氮杂环芳香族衍生物。

　　随着研究的深入，农用抗生素的作用机制研究也取得不少进展。目前已知的作用机制包括：作用于真菌细胞壁、作用于菌体细胞膜、作用于蛋白质合成系统、作用于能量代谢系统、抑制核酸合成、干扰神经活动和提高植物本身的抗病能力等（表5-2）。

表5-2　我国登记的农用抗生素的有效成分和作用机理

抗生素	主要有效成分	毒性	作用机理
硫酸链霉素	氨基糖苷碱性化合物	低毒	内吸性强；与细菌核糖体 30S 亚单位的特殊受体蛋白结合，干扰信息核糖核酸与 30S 亚单位间起始复合物的形成，抑制蛋白合成

抗生素	主要有效成分	毒性	作用机理
放线菌酮	放线菌酮	有毒	内吸性强；对细菌无抑制作用；干扰蛋白质合成过程中的易位步骤和翻译过程
灭瘟素-S	苄基氨基苯磺酸盐	有毒	与稻瘟菌 50S 核糖体结合，阻断了肽基转运和蛋白链的延长，影响菌丝蛋白质合成，抑制孢子萌发
井冈霉素	氨基糖苷类	低毒	内吸性强；井冈霉素在纹枯菌细胞内被 b-D-糖苷酶水解成井冈羟胺，强烈抑制真菌海藻糖酶，干扰能量代谢
春雷霉素	氨基糖苷类	低毒	内吸性强；干扰病原菌氨酰-tRNA 与核糖体结合，阻止氨基酸代谢，破坏蛋白质的生物合成，抑制菌丝的生长并造成细胞颗粒化
多抗霉素	肽嘧啶核苷酸类	低毒	抗菌谱广；内吸性强；干扰病菌细胞壁几丁质的生物合成
宁南霉素	胞嘧啶核苷肽	低毒	抗菌谱广；兼具预防和治疗作用；能诱导植物产生 PR 蛋白，降低植物体内病毒粒体浓度，破坏病毒粒体结构
中生菌素	N – 糖苷类碱性水溶物质	低毒	抗菌谱广；具有触杀、渗透作用；抑制菌体蛋白质的肽键生成，导致菌体死亡；具有一定的增产作用
武夷菌素	具有胞苷骨架的核苷类	低毒	抗菌谱广；抑制病原菌蛋白质的合成，导致菌体菌丝生长、孢子形成、萌发受影响
农抗 120	嘧啶核苷类	低毒	抗菌谱广；内吸性强；阻碍病原菌蛋白质的合成，导致病菌的死亡；兼有保护和治疗双重作用，提高作物的抗病能力和免疫能力
公主岭霉素	放线酮、奈良霉素-B、制霉菌素、苯甲酸和荧霉素	中毒	抗菌谱广；种子表面杀菌剂；抑制禾谷类黑穗病的厚垣孢子萌发、抑制已萌发的厚垣孢子的菌丝伸长，甚至杀死厚垣孢子

续表

抗生素	主要有效成分	毒性	作用机理
四霉素	大环内酯类四烯＋肽类＋含氮杂环芳香族衍生物	低毒	杀菌谱广；杀死病菌孢子，使其不能发芽
申嗪霉素	吩嗪-1-羧酸	低毒	导致氧化磷酸化解偶联，产生大量有害的活性氧自由基；作为电子传递的中间体，扰乱了细胞内正常的氧化还原稳态，影响能量的产生
阿维菌素	大环内酯双糖类	高毒，对蜜蜂和鱼有毒	触杀，胃毒；干扰神经生理活动，刺激释放 γ－氨基丁酸，抑制节肢动物的神经传导，出现麻痹症状，不活动不取食
多杀菌素	大环内酯类	低毒，对蜜蜂和鱼有毒	杀虫剂，快速触杀和摄食毒性；刺激昆虫的神经系统，导致非功能性的肌收缩、衰竭，伴随颤抖和麻痹；也作用于 γ－氨基丁酸受体
浏阳霉素	大环四内酯类	低毒，对鱼类高毒	杀螨谱广；触杀性，无内吸性；导致害虫线粒体基本阳离子（如 K^+）的外泄
华光霉素	咪唑啉类	低毒	干扰害虫细胞壁几丁质的形成
双丙氨磷	双丙氨磷	中毒	具内吸传导和触杀作用；与植物体内谷氨酰胺合成酶争夺氮的同化作用，导致游离氨的积累；抑制光合作用中的光合磷酸化
盐霉素	聚醚类	低毒	与球虫细胞外的阳离子（K^+ 和 Na^+）形成络合物，通过细胞膜上的"膜转运蛋白"不断将阳离子送入细胞内，破坏细胞膜内外的离子平衡
C/D 型肉毒梭菌毒素	蛋白质毒素	高毒	经肠道吸收后作用于颅脑神经和外周神经与肌肉接头处及植物神经末梢，阻碍乙酰胆碱的释放，引起运动神经末梢麻痹

53. 我国已登记的农用抗生素商品名称、常用剂型和生产厂家是什么?

答： 同化学农药一样，绝大多数农用抗生素原药都不能直接施用，必须加工成不同的剂型才能使用。首先，根据不同抗生素的化学结构特点、水溶性和施用方法等，农用抗生素常被加工成粉剂、可湿性粉剂、乳油、水剂和悬浮剂等。此外，为了提高抗菌素的防病效果，常常加入某些增效剂和金属离子。添加增效剂可以促进抗菌素的展布和吸收，常用的增效剂有甘油和其他多羟基化合物，多羟基化合物有强烈的吸水作用，可以延长抗菌素的有效吸收期，并可促进植物叶表面角质层的水化作用，增强叶表的透水性能。添加金属离子可使抗菌素生成络合物，提高药效。

相同有效成分的农用抗生素由于生产厂家或剂型不同，登记过程中所取的商业名称也不一样，为避免不必要的误解和防止买到假冒伪劣农药，表 5-3 系统列出了我国已登记的 20 种农用抗生素商品名称、常用剂型和生产厂家。

表 5-3　我国登记的农用抗生素商品名、剂型和生产厂家

抗生素	其他商品名	剂型	生产厂家
链霉素	农缘	72%可溶性粉剂；农缘泡腾片	石家庄曙光制药厂、华北制药厂生化分厂
放线菌酮	农抗 101；环己酰亚胺	瓶装无色片状结晶	索莱宝科技有限公司
灭瘟素-S	稻瘟散	2%乳油；粉剂；可湿性粉剂	浙江省海宁农药厂
井冈霉素	有效霉素	5%、30%水剂；可溶性粉剂和 0.33%粉剂	浙江桐庐汇丰生物化工、浙江钱江生物化学股份有限公司、武汉科诺生物科技股份有限公司

抗生素	其他商品名	剂型	生产厂家
春雷霉素	春日霉素；加收米；加瑞农	2% 液剂；2%~6%可湿性粉剂；0.4%粉剂	华北制药股份有限公司、湖北健源化工有限公司、延边春雷生物药业有限公司
多抗霉素	多氧霉素；多效霉素；保利霉素；宝丽安	1.5%~10%可湿性粉剂；0.3~3%水剂；10%乳油	山东鲁抗生物有限公司、吉林延边春雷生物农药有限公司、江苏南通丸宏农用化工有限公司、安徽绩溪农华生物科技等
宁南霉素	翠美；菌克毒克	1.4%、2%、8% 水剂；10%可溶性粉剂	黑龙江强尔生化技术开发公司、哈尔滨中能生物技术开发公司、四川金珠生态农业科技公司
中生菌素	克菌康；佳爽	1%水剂；3%可湿性粉剂	福建凯立生物制品有限公司
武夷菌素	格润；绿神九八；农抗Bo-10	1%、2%水剂	山东万胜生物农药有限公司、黑龙江肇东市生物制品厂
农抗120	抗菌素120	2%、4%水剂	陕西蒲城绿盾生物制品有限责任公司
公主岭霉素	农抗109；公主霉素	0.215%可湿性粉剂	吉林省延边农药厂、吉林省农科院植物保护研究所
四霉素	梧宁霉素	0.5%、15%水剂	辽宁微科生物工程有限公司
申嗪霉素	绿群、广清	0.1%悬浮剂	上海农乐生物制品有限公司
阿维菌素	阿巴霉素；阿维虫清；揭阳霉素；虫克星	0.5%~5%乳油；0.5%、1.8%可湿性粉剂	河北威远、华北制药、大庆志飞、浙江海正、钱江生化等
多杀菌素	菜喜；催杀	2.5%、48%悬浮剂	美国陶氏益农公司
浏阳霉素	杀螨菌素；绿生；多活菌素	10%乳油	山东坤丰生物化工、湖南亚华种业股份有限公司生物药厂等
华光霉素	日光菌素，尼柯菌素	2.5%可湿性粉剂	华北制药厂

续表

抗生素	其他商品名	剂型	生产厂家
双丙氨磷	园草静；好比思	32%可溶性液剂、20%钠盐可溶性粉剂	广州伟伯化工有限公司、北京启维益成科技有限公司
盐霉素	优素精；百刹；赛安	10%、12%饲料级颗粒剂；10%、12%饲料级预混剂	山东鲁抗、河南三宝药业、宁夏多维泰瑞制药、浙江升华拜克生物股份、浙江大学阳光营养技术有限公司、广东新北江制药股份
C/D型肉毒梭菌毒素	0.1%、0.2%水剂	青海绿原生物工程有限公司	

54. 同化学农药相比，农用抗生素的优缺点是什么？

答：农用抗生素是微生物发酵产生的次生代谢产物。同传统的化学合成农药相比，农用抗生素具有如下优点。

（1）化学结构复杂，不能或不易通过化学方法合成。

（2）低毒、低残留，对人、畜无害或低毒；施用到田间易被生物或自然因素所分解，不在环境中积累或残留。

（3）活性高、用量小、选择性好。

（4）农用抗生素产品一般是多种有效成分的混合物，各个有效成分的作用机制经历了长期的自然选择，病原菌不易对其产生抗药性。

（5）许多农用抗生素还是植物免疫诱抗剂，能诱导植物产生系统抗性，兼具增产效果。

（6）农用抗生素生产原料为淀粉、糖类等农产品，属于再生性生物资源。

（7）采用发酵工程生产，废液和废水可以回收，对环境污染较小，同一套设备略加改造，就可应用于不同菌种发酵生产不同的抗生素，投入成本相对较少。

由于农用抗生素属于天然化合物，因此，部分抗生素存在以下缺点。

（1）化学结构不稳定，在植物表面的残留时间相对较短，在整个农作物生长过程中需要多次用药。

（2）同化学农药相比，多数农用抗生素药效慢，防治病虫害不能立竿见影，需要提前用药，防治效果多于治疗效果。

（3）许多农用抗生素发酵效价不高，生产成本较高，导致用药成本比化学农药高。

（4）目前，可产业化的农用抗生素品种少，生产规模和产量相对较低。

55. 农用抗生素贮运和使用注意事项是什么？

答：部分抗生素类农药不太稳定，不能长时间储存，如井冈霉素含有糖类结构，容易发霉变质，一般保质期 2 ~ 3 年，药液要现配现用，打开后不能贮存。有些农药对光线和紫外线比较敏感，尽量保存于避光、低温、通风和干燥的地方。

科学合理使用农用抗生素，应注意以下几点。

（1）对症下药：病虫草害的种类繁多，而农用抗生素的应用范围相对较窄，具有一定的选择性。例如，井冈霉素对水稻纹枯病最有效，春雷霉素主要是防治水稻稻瘟病的，因此，要根据当时当地发生的主要病虫草害，对症选准用药，才能够收到理想效果。

（2）看天用药：温度、湿度、光照等气象条件都会影响农用抗生素的效果。当气温在 10 ~ 27℃时，害虫取食量和吸收量大，适宜用药；当温度高于 30℃或者低于 10℃时，用药效果会差一些。根据不同作物，合理选择雨前或雨后用药。

（3）适当提前用药：农用抗生素防治效果比化学农药稍慢，因此，要加强病虫害预报，在发病初期使用农抗，效果较好。

（4）浓度适宜，科学间隔：浓度低的抗生素，防效差，容易造成浪费，高浓度又可能会造成药害，因此，只有适时施用适宜的农抗制剂，使病虫害获得充足的致死剂量，才能够保证防治效果。

（5）正确配方，混合使用：农药混配可以扩大应用范围，提高防治效率，特别是在暴食性害虫成灾时十分必要，但是，大多数农用抗生素不宜与碱性农药混配。在配方混用时，要做到随配随用，不可久放。

（6）对无内吸性农用抗生素，喷雾时要均匀周到。

56. 农用抗生素能否与其他 农药复配?

答： 药剂混用是提高农用抗生素制剂防治病虫害效果的重要途径之一。根据农用抗生素的作用特点及其抗性机制，将不同作用机制的同一类农抗混配，以起到互补作用，提高药效；或者加入助剂增加其内吸性；或者将杀菌剂与其他农药复配、杀菌剂与杀虫剂复配、杀虫剂和其他农药复配，均能收到显著的增效作用，减少化学农药的使用，还能有效地防止过早产生抗药性。复配不是简单的混合，而是基于作用机制，科学混合，是否可行需要经过一系列生化测试和田间试验验证。表 5 - 4 列举了国外应用抗生素混合制剂防治病虫害的情况。

我国也有井冈霉素或春雷霉素与其他农药复配防治病虫害的应用报道。井冈霉素是防治水稻纹枯病的主导农药，与其他农药复配后对水稻纹枯病的防效显著增强，复配情况大体包括以下几种类型：

（1）与矿物油、硫酸铜或氧化亚铜或喹啉酮等复配：井冈霉素和矿物油按 1：1 复配，能有效杀灭玉米播种期及幼苗期的地下害虫，有效提高玉米等农物的产量。井冈霉素与硫酸铜按重量比 1：12~12：1 复配，可用来防治水稻纹枯病、水稻稻曲病等作物病害。

（2）与化学杀菌剂复配，复配的化学农药包括氟环唑、多菌灵、米鲜胺、嘧啶核苷类抗菌素、噻夫酰胺、己唑醇、三环唑、烯肟菌胺。复配制剂对水稻纹枯病、稻瘟病的防治有增效作用。

（3）与苯甲酰基脲类杀虫剂复配，具有较强的胃毒和触杀作用，防治水稻稻飞虱等。

（4）与蜡质芽孢杆菌或枯草芽孢杆菌复配制剂，具有治疗和保护双重功效，对作物真菌性病害具有显著的防效。

（5）与植物源杀菌剂蛇床子素复配，能显著提高水稻纹枯病的防治效果。

春雷霉素是防治水稻稻瘟病的主要农用抗生素，与其他农药复配能够对稻瘟病防治有增效作用，目前报道的复配制剂包括：47% 春雷霉素·王铜可湿性粉剂、春雷·三环唑（10%/13%）可湿性粉剂、春雷·硫磺（50%/5%）可湿性粉剂、春雷~四氯苯肽（21%/2%）可湿性粉剂、春雷~戊唑醇复配杀菌剂、春雷霉素与咪鲜胺锰盐复配杀菌剂、春雷霉素·稻瘟净的复配杀菌剂等。

表 5-4　国外应用农用抗生素杀菌剂复配防治病虫害实例

杀菌复配剂	防治对象	防效	杀虫杀菌复配剂	防治对象	防效
四氯苯肽春日霉素	稻瘟病	增效	杀螟松、四氯苯肽、春日霉素、有效霉素	稻瘟病、纹枯病、二化螟、黑尾叶蝉、飞虱	内吸、治疗、增效作用

续表

杀菌复配剂	防治对象	防效	杀虫杀菌复配剂	防治对象	防效
春日霉素多氧霉素	稻瘟病	增效	杀螟松、速灭威、春日霉素、四氯苯肽	稻瘟病、二化螟、黑尾叶蝉、飞虱	增效
春日霉素福美镍	白叶枯病	增效	杀螟松、仲丁威、春日霉素、四氯苯肽	稻瘟病、二化螟、黑尾叶蝉、飞虱	预防、治疗、增效作用
春日霉素稻瘟肽	稻瘟病纹枯病	高效	杀螟松、春日霉素	稻瘟病、二化螟、黑尾叶蝉、飞虱、稻绿蝽、稻负泥虫	增效
有效霉素克瘟散	稻瘟病纹枯病、穗枯病	高效	有效霉素、杀螟松、四氯苯肽	稻瘟病、纹枯病、二化螟、黑尾叶蝉、飞虱	对纹枯病有预防和治疗作用
多氧霉素克瘟散	稻瘟病纹枯病	保护、治疗、增效	春日霉素、稻丰散、仲丁威	稻瘟病、二化螟、黑尾叶蝉、飞虱	兼具防病和防虫效果
多氧霉素异稻瘟净	稻瘟病纹枯病	保护、治疗、增效	倍硫磷、异稻瘟净、多氧霉素	稻瘟病、纹枯病、二化螟、黑尾叶蝉、飞虱、蝽象	兼具防病和防虫效果
有效霉素稻瘟肽	稻瘟病纹枯病	高效	有效霉素、仲丁威、杀螟丹	纹枯病、二化螟、黑尾叶蝉、飞虱	兼具防病和防虫效果
链霉素碱式硫酸铜	柑橘溃疡病	增效	春日霉素、稻丰散	稻瘟病、二化螟、黑尾叶蝉	兼具防病和防虫效果
链霉素土霉素可湿性粉剂	柑橘溃疡病白菜软腐病烟草野火病	细菌性病害			

57. 农用抗生素药证登记的一般要求是什么?

答: 化学农药在登记过程中都需要经历产品化学、毒理学、残留、环境安全性和药效评价。农用抗生素属于微生物源的天然化合物,是介于活体生物农药和化学农药之间的特殊农药。农用抗生素登记原则上等同于一般化学农药,但是,依据农用抗生素产品特性、代谢产物特点和毒性等,可以提出申请,适当减免相关的登记资料要求。

58. 农用抗生素资源开发、应用和工业化 生产的一般流程是什么?

答: 农用抗生素资源开发一般包括如下几个步骤。

(1) 农用抗生素产生菌的分离和筛选:通过拮抗作用等机理,从不同环境中分离和筛选能抑制植物病原菌、害虫等生长的菌株。

(2) 产生菌代谢产物分离、纯化和结构鉴定,毒性及环境安全性评价。

(3) 高产优质菌株的选育。

(4) 农抗剂型研制和田间防治效果试验。

(5) 农抗产生菌发酵条件优化和发酵规模放大。

(6) 大规模产业化生产和药证申报。

(7) 推广应用。

以硫酸链霉素为例,生产过程分为两大步骤。

① 菌种发酵,将冷干管或沙土管保存的链霉菌孢子接种到斜面培养基上,于 27℃ 条件下培养 7 天。待斜面长满孢子后,制成悬浮液接入装有培养基的摇瓶中,于 27℃ 条件下培养 45 ~

48h 待菌丝生长旺盛后，取若干个摇瓶，合并其中的培养液将其接种于种子罐内已灭菌的培养基中，通入无菌空气搅拌，在罐温27℃条件下培养 62～63h，然后接入发酵罐内已灭菌的培养基中，通入无菌空气，搅拌培养，在罐温为 27℃ 条件下，发酵约7～8 天。

② 提取精制，发酵液经酸化、过滤，除去菌丝及固体物，然后中和，通过弱酸型阳离子交换树脂进行离子交换，再用稀硫酸洗脱，收集高浓度洗脱液—链霉素硫酸盐溶液。洗脱液再经磺酸型离子交换树脂脱盐，此时溶液呈酸性，用阴离子树脂中和后，再经活性炭脱色得到精制液。精制液经薄膜浓缩成浓缩液，再经喷雾干燥得到无菌粉状产品，或者将浓缩液直接做成水剂。

59. 农用抗生素研发的发展趋势和未来发展方向是什么？

答：基于化学合成农药的毒副作用以及人们环境保护意识的增强和对"绿色食品"要求的逐步提高，开发、生产和使用无公害的生物农药已成为当务之急。农用抗生素是一种重要的生物农药，它的推广使用不但能有效防治农业病虫害草害，还能保护生态环境，保障食品安全，蕴含巨大的社会和经济效益。但是，我国目前产业化的农用抗生素品种有限，缺乏高效价的生产菌株和发酵工艺，推广应用面积远远比不上传统化学农药，因此，非常有必要从以下两个方面继续加强农用抗生素研发的力度：一是创新筛选新抗生素的方法，提高筛选效率，大量筛选新的化合物，研发更多新型农用抗生素；二是加强现有品种的再开发，改进发酵工艺，提高发酵效价，降低成本；研究新型高效的农药剂型、复配技术和使用方法，扩大应用范围和防病效率。

中国疆土辽阔，地形复杂，气候多样，自然界微生物种类繁多，从中寻找有特殊生理活性的物质有很大潜力。现代生物技术，尤其是遗传工程技术和微生物基因组学的快速发展，为农用抗生素的研发和应用提供了极其重要的手段。目前，利用高通量基因组测序技术和现代生物化学分析手段，井冈霉素、多抗霉素、阿维菌素、多杀菌素、申嗪霉素等农抗的生物合成基因簇已被鉴定，它们的生物合成机理已逐渐得以阐明。在此基础上，通过定向遗传与代谢改造，不但可以提高现有生产菌种的生产能力，还有可能选育出新型化学结构的农用抗生素。2013 年 10 月，东北农业大学承担的哈尔滨市科技攻关计划"新型农用抗生素多拉菌素代谢工程菌的构建及剂型加工与应用研究"项目通过专家验收。并被专家组认定多拉菌素代谢工程菌（2013）研究成果达到国际先进水平。该项目以多拉菌素产生菌株 *Streptomyces avermitilis* NEAU1069 为原始菌株，运用基因工程技术敲除产阿维菌素合成基因后获得代谢多拉菌素的优良工程菌，经鉴定为链霉菌新种，具有完全自主知识产权。该工程菌在 70T 发酵罐生产线上单位产量稳定在 1 150μg/mL 以上，比野生菌株单位产量提高 150 倍，且与美国辉瑞公司产业化的野生菌株代谢谱不同，单位产量相对较高，更适合于工业化多拉菌素的生产。多拉菌素代谢工程菌是第三代农用抗生素产品，对各种螨、线虫有较高防效，在毒性、安全性、稳定性、抗氧化性方面都优于前两代产品，可以有效防治小菜蛾、棉铃虫等害虫。该产品与目前常用的农药不产生交叉抗药性，对非靶标生物毒性很低，对人和其他哺乳动物安全，在农副产品中不存在严重残留，可取代高毒、高残留的化学农药，可以满足无公害、无残留"绿色"农产品生产的需要，具有广阔的市场前景。

参考文献

［1］纪明山．生物农药手册［M］．北京：化学工业出版社，2011.

［2］周孝．回归大自然的生物防治［M］．北京：中国环境科学出版社，2011.

［3］崔增杰，张克诚，折改梅，等．抗真菌农用抗生素有效成分研究进展［J］．中国农学通报，2010，26（5）：213–218.

［4］谢德龄．改进农用抗生素的剂型和施用技术在病虫害防治中的重要性［J］．生物防治通报，1993，9（2）：87–89.

［5］Leonard G. Copping. The Mannual of Biocontrol Agents：A World Compendium. 4th ed. UK：CABI，2011.

第六章　生物化学农药——植物免疫激活蛋白

60. 什么是植物免疫激活蛋白？

答：植物免疫激活蛋白是一类来源于微生物，能使多种农作物的自身免疫力增强的蛋白质物质，是植物免疫激活剂中的一个种类，也是生物农药中的一种。植物免疫激活蛋白的主要特征是：主要来源于真菌或细菌等微生物；能引起植物体内与抗病反应相关的指标升高（如一氧化氮积累、氧暴发等）；能使植物自身免疫力增强，产生抗病虫效果。植物免疫激活蛋白的获得像其他的生物农药一样，经微生物菌体发酵和相应的后续制备，最终制成生物农药制剂。植物免疫蛋白制剂的应用方法也与一般农药相似，通过喷洒、浇灌或伴随施肥等手段施用于植物的叶面或根部。植物免疫激活蛋白（简称"植物免疫蛋白"）在接触植物后通过诱导植物自身免疫系统的增强，提高植物对病虫害和自然环境变化的抵御能力，从而减少病虫害的发生机率和发生程度，增强植物的抗逆性。同时，植物免疫蛋白还具有促进植物生长的效果，并可提高农作物果品的品质和产量，对农业的增产增收大有好处。由于植物免疫蛋白是纯天然物质，取之于大自然用之于大自然，所以，对人类和牲畜无毒无害，对环境无残留无污染。是绿色安全的病虫害防控手段。

61. 植物也有免疫系统吗?

答：有。长期以来，人们对植物体内是否也存在免疫系统不是很清楚。只对人和动物的免疫反应有或多或少的了解。大多数人都知道，当人或动物的免疫系统健全时，他们抵抗疾病的能力就强，一旦免疫力下降了，就抵抗不了病原菌的侵袭或是恶劣自然环境的变化而容易生病，严重时甚至会死亡。在日常生活中老人和孩童往往因为免疫力相对较弱而更容易耐受不住严苛环境（严寒或酷热）的改变而易感疾病，给生存带来威胁。那么，植物体内是否也存在着与人或动物相类似的免疫系统呢？虽然长期以来人们对此并不十分清楚，但是，从植物在地球上长达一亿五千万年的生存史来看，植物在自然界中不可避免地会经常受到各种病虫害的侵袭，但是植物并没有因此而灭绝，这种现象说明植物也应该与动物一样在体内存在着一定的免疫功能。

随着科学技术的发展，不断有人观察到当植物在接触了病原物时，可以产生一定的抵抗能力的事实。从 20 世纪 50 年代以来，人们陆续发现一些真菌、细菌、病毒可诱导烟草、蚕豆、豇豆等多种植物产生抵抗病菌的能力。例如，Kec 等科学家用实验证明了葫芦科植物能通过接种病毒、细菌、真菌来获得免疫能力，并首先提出了"植物免疫"这一概念。此后，更多科学家的研究都验证了植物免疫抗性的存在，以及这种免疫抗性可以被一些外在因子诱导的特性。

20 世纪 70 年代以后，随着分子生物学和分子遗传学技术的发展和应用，使植物免疫学方面的研究又不断地有了新的突破。2002 年以后有多位学者纷纷在世界最具权威的著名科学杂志《Nature》（自然）和《Science》（科学）上发表文章，从遗传学角度和分子层面更深入地证明了植物本身保护机制的存在；植物对致病菌产生抗性的途径；指出植物具有特殊的可以识别细菌、病毒和霉菌等微生物入侵的免疫传感器；确定了植物免疫响应过程中的关键信号物质等等。2006 年 Jones 等科学家在《Nature》杂志上发表文章，系统地总结了植物免疫的概念，此后有关植物免疫的研究受到了越来越广泛的关注。这些研究证明了在植物体内确实存在着"免疫系统"。只不过这种免疫系统与人和动物的不太一样而已。

62. 植物体内的"免疫系统"是怎样实现其自保防御功能的？

答：植物固定地生长在某处，不能像动物那样自主地移动。因此植物就不能像动物那样通过运动来躲避病原物和险恶环境。植物体的组织结构也决定了其不能像动物那样具备神经传导、体液调节等一系列的高级调节系统，因此，植物只能以自身特有的方式来抵御病原物的侵害。专家研究认为，植物防御病虫害的反应主要包括 3 步：发现入侵病原生物；杀死入侵病原生物；将入侵病原生物的信息储存，以便再次遇到侵袭时做出反应。

植物自身的防御首先来自"物理屏障"。植物防御的物理屏障是指在植物的表面部位有角质层、蜡质层等的保护。在受伤组织周围还可形成高度木质化的木栓组织，分泌各种树浆、树脂等。由于木质化组织或其他组织产生的木质素、树浆、树脂等物质是亲脂性的，因此，既可以使这些病原生物无法获得水溶性营养而阻止其长期生存，又可以防止病原物产生的毒素进入植物体内。一旦这道物理屏障"失守"，植物便要依靠"化学屏障"来进行更高层次的防御。

植物的"化学屏障"表现在组织内能产生对病原物有杀灭或抑制作用的化学物质。这些物质是通过次生代谢形成的，因而被称为次生物质。主要包括一些含氮化合物、酚类、萜类等物质。这些物质都是在植物体内预先形成的具有抑菌作用的化合物，具有很强的杀菌、抑菌能力和抗腐性。植物中由外界因子诱导产生的次生物质作为植保素或抑菌物质参与构成了植物免疫的化学屏障，对植物起到保护作用。植保素主要是一些化学结构为酚类和萜类的物质，如苯甲酸、豌豆素、红花醇、绿原酸等，对病原真菌有高度毒性，且无特异性。研究证实，植物免疫的诱导主要来自于病原物的直接感染，但植物的物理性损伤也可以使受伤组织产生物理屏障和化学屏障。

63. 植物免疫激活剂对农业生产安全的重要性？

答： 在传统的农作物植物保护习惯中，人们往往将目光习惯地集中在对目标有害物的直接杀灭和防控上，很少从植物自身的角度去关注植物与病虫害及防治药物之间的反应和变化。近十多年来，随着科学深入发展，科学家们不仅对植物自身的免疫特性进行了深入研究，也更多地关注到了病虫—植物—药物三者之间的关系。多年来的研究发现，植物体内的免疫反应体系可以被自然界中多种诱导因子诱导激活。植物免疫及可诱导抗性奠定了新型生物农药——植物免疫激活剂的理论基础。植物免疫激活剂来源于生物体，是大自然的天然产物，不存在环境残留和环境污染。其对植物的保护作用不是对有害物的直接杀灭或抑制，而是通过诱导植物自身免疫力的增强来抵御病虫害的侵袭，对其他生物无毒无害，对环境安全。此外，研究证明，植物免疫激活剂还能促进植物的生长，提高农作物果品的品质，对农业的增产增收大有好处，是安全可靠的植保手段。植物免疫激活剂的应用对促进农业生产，维护农业生态环境，保障食品安全具有重要意义。

64. 什么是"植物疫苗"?

答：植物免疫激活剂是对能诱导植物产生免疫抗性的物质的总称。其在农业生产中对农作物的作用效果与人类或动物免疫用的疫苗的作用效果类似，因此，又被人们称之为"植物疫苗"。自然界中能刺激植物体产生免疫增强反应的物质不少，包括许多生物与微生物。它们可以是一些致病的或非致病的菌体、病毒体，也可以是一些病原物的提取成分。可以是蛋白质一类的大分子，也可以是短肽、寡糖等一类的小分子物质，甚至可以是水杨酸之类的信号传递物质。这些激活剂物质接触到植物表面，就像人或动物接种了疫苗那样，能"激活"植物体内自身存在的免疫系统，调节植物的生长状态，使植物生长旺盛，抗病、抗逆能力明显增强，因而可以内在地免受或少受病虫的侵害。就像人的身体强壮了就不容易患病一样。

能够作为植物免疫激活剂的物质虽多，但目前在农业生产中能正式作为"植物疫苗"应用的产品还主要是两大类：植物免疫激活蛋白和糖链植物疫苗类产品（包括葡聚糖及其寡糖，壳聚糖及其寡糖，寡聚半乳糖醛酸等）。

65. 植物免疫蛋白是怎样在植物免疫过程中发挥作用的?

答：如前述，植物免疫蛋白作为一种生物农药，其作用机理与其他许多农药不同，不是直接抑制或杀死病原物，而是通过激活植物本身潜在的免疫系统，使植物自身的抗病原物能力增强，从而少发病或不发病，少受或不受害虫侵食，使植株健康生长。

科学家们经过多年研究已经了解到，植物的免疫作用可能与人或动物的不同，属于一个原始的初级免疫反应。而且，植物的免疫是通过大致相同的路径来抵御病虫害侵入的。许多能诱导植物产生免疫抗性的物质如蛋白质、寡糖、枯草芽孢杆菌、木霉菌等所诱导的植物免疫反应路径基本一致，主要都集中在水杨酸、茉莉酸和乙烯等途径。因此，免疫诱抗剂所诱导的免疫反应具有广谱性或多功能性。

相关研究发现，植物免疫激活蛋白是一类信号传导分子，可通过不同的代谢途径实现信号传导。在植物的细胞膜上存在着许多具有识别功能的受体，当免疫激活蛋白施用在植物上，接触到植物器官的表面，与表面的膜受体蛋白结合。当膜受体蛋白识别并接受了免疫蛋白的信号传导后，诱导了植物的一系列的代谢反应。促进了植物体内的水杨酸、茉莉酸、乙烯、吲哚乙酸、植保素、抗病相关蛋白等具有杀菌抗病功能物质的合成与释放，从而达到抗病防虫的作用。由于激活蛋白本身对病菌无直接杀灭作用，因此，对环境和植物都安全，更不会引起病菌的抗药性。

植物免疫激活蛋白还能调节植物生长代谢系统，促进植物根、茎、叶的生长并提高叶绿素含量，从而达到提高作物产量和品质的目的。因此，从总体作用效果上看，植物免疫激活蛋白既能提高植物对病虫的抵抗能力，又能促进植物的生长，综合效果十分看好。

66. 目前生产上有哪些常用的植物免疫激活剂产品？

答： 我国对植物疫苗方面的研究虽然起步较晚，但已开始在农业生产上应用。其中，植物免疫激活蛋白制剂已在我国部分地区的多种作物上有一定范围的应用，并已经取得了良好的效果（彩图 6-1 和彩图 6-2）。

由中国农业科学院植物保护研究所邱德文博士领导的团队研制的植物免疫激活蛋白是利用国际尖端的高新技术从多种致病真菌中提炼到的一类新型结构蛋白，多个品种均具有良好的刺激植物免疫活性增强的效能。其代表产品包括已在农业部获得农药临时登记的产品"3%极细链格孢激活蛋白可湿性粉剂（商品名：多肽谱）"、获得国家肥料临时登记的产品"普绿通植物免疫蛋白粉剂"，以及获得农业部农药临时登记的抗病毒病产品"6%寡糖·链蛋白可湿性粉剂（商品名：阿泰灵）"。这些植物免疫激活蛋白制剂经多年多地的田间应用实例证明，均具有良好的诱导多种植物产生抗病毒病及多种植物真菌、细菌病虫害的效果，并有显著的促增产作用。

激活蛋白制剂可以喷雾、灌根、浸种等多种方式施用。适用于番茄、辣椒、西瓜、草莓、棉花、小麦、水稻、烟草、柑橘、油菜等多种农林作物。对农作物灰霉病、黑痘病、溃疡病等真菌病害、细菌病害、病毒病，以及蚜虫、红蜘蛛等虫螨害都有很好的防治效果。用于大田作物可平均增产5%以上，用于瓜果蔬菜及经济作物可平均增产10%，甚至20%以上。

多种植物激活蛋白制剂产品现已可规模化生产。目前，已在京郊、辽宁、湖南、广西壮族自治区、河南、黑龙江、浙江等地进行了大面积的应用试验，应用作物品种涉及水稻、茶叶、辣椒、番茄、黄瓜、白菜、草莓、花生、柑橘、苹果、桃、葡萄、烟草等多种作物，对植物病害的综合防效可达60%～70%，平均增产10%以上。瓜果品尝的结果显示，施药后能显著提高农产品的品质和风味，提高商品售价，产生可观的生态效益和经济效益。

田间应用的结果证明，应用激活蛋白制剂后作物主要表现为：

（1）苗期促生根：经种子处理或苗床期喷洒，对水稻、小麦、玉米、棉花、花生、烟草、蔬菜等多种作物的幼苗根系有明显的促生长作用,作物表现为根深叶茂,幼苗生长苗壮。

(2)营养期促生长:可提高叶片的叶绿素含量、增强光合作用。作物表现为叶色加深、叶面积增大、叶片肥厚、生长整齐,增加产量。

(3)生殖期促果实:能提高花粉受精率,从而提高座果率和结实率,对授粉率低的植株效果尤为明显。作物成熟期表现为粒数和粒重增加,瓜果类表现为果型均匀,产品品质提高。

(4)防病抗虫:调节植物体内的新陈代谢,激活植物自身的防御系统,从而达到防病抗虫的目的。

67. 植物免疫激活蛋白的应用有哪些成功的范例?

答:植物免疫激活蛋白类的相关产品已研发多年,在国内多地不同规模的田间示范实验中均取得了良好的效果。现简要列举成功应用范例如下。

(1)"3%极细链格孢激活蛋白可湿性粉剂"在多种作物上的应用效果。

应用"3%极细链格孢激活蛋白可湿性粉剂"多年来在湖南的桃园、华容、岳阳、湘阴、石门等地分别在水稻、辣椒、大白菜、烟草、棉花等作物上进行了田间示范试验。结果表明:植物激活蛋白 1 000 倍稀释液连续施用 3 ~ 4 次,对多种农作物主要病害都具有一定的诱抗作用,特别是对病毒病的诱抗效果显著,同时能明显促进作物的生长发育,提高作物的产量和品质。具体表现为:

在水稻上的应用:用激活蛋白 1 000 倍液浸稻种 16h,提高种子发芽率 2.4%,浸种的秧苗根数增加 25.0%,百株干重增加0.4g,绿叶数增加 5.47%;在晚稻分蘖期、孕穗期和抽穗期分别喷施 3 次，有效分蘖增加 5.4%，平均株高增加 1.6 ~ 4.1cm，对水稻纹枯病的预防效果为 46.89% ~ 53.81%，对因二化螟为害造成枯心苗的补偿效果为 17.20%。

在辣椒上的应用：示范面积 1.33hm^2。植物激活蛋白可溶性粉剂（15g/包），1 000 倍液每隔 15 天喷施一次，共施用 4 次，对辣椒病毒病、疫病、白绢病和炭疽病的诱导抗病效果分别为 70.0%、66.7%、60.0% 和 62.5%。均略好于农药"可杀得（Cocide，碱式硫酸铜）"的防治效果（分别为 60.0%、66.7%、40.0% 和 37.5%）。另外，施用激活蛋白的辣椒生长旺盛，植株平均增高 2.50cm，枝叶茂盛，叶色浓绿，辣椒座果率增加 .10.0%，果肉增厚，颜色光亮，能明显提高辣椒的产量与品质。

在大白菜上的应用：在岳阳市君山区广兴洲镇的大白菜种植之乡进行的试验示范（面积为 2.28hm^2），从大白菜移栽缓苗后开始，分别间隔约 15 天，连续 3 次喷施植物激活蛋白可溶性粉剂 1 000 倍稀释液，结果显示，对大白菜病毒病的诱抗效果较好，为 62.50%；对霜霉病、炭疽病和软腐病等也有一定的诱抗效果。

在烟草上的应用：应用植物激活蛋白控制烟草花叶病，效果比较理想。用激活蛋白 1 000 倍液施药 2 次，诱抗效果为 73.93%。同时，植物激活蛋白还能明显促进烟草的生长，主要表现为株高、留叶数和叶面积增加，其中，株高增长 7.42%，中上部的叶面积分别增加 10.35% 和 14.80%。

在棉花上的应用：用激活蛋白 1 000 倍液浸泡棉种 6h，可提高棉种的发芽率和根系发达程度，增强幼苗的抗逆性。其中，棉籽发芽率提高 10.0%，平均根重增加 32.9%，根系中脱氢酶活性比对照提高 33.0%。用激活蛋白 1 000 倍液分别在幼苗期、现蕾期和初花期喷施 3 次，棉花的现蕾强度、成花率、成铃率和吐絮率，比空白对照分别提高 79.56%、17.49%、39.84% 和 16.66%；单铃重和衣分比对照分别提高 3.08% 和 1.67%；还可减少蕾铃脱落，减轻枯、黄萎病的发生，籽棉和皮棉产量分别提高 15.12% 和 17.19%。

在柑橘上的应用：在石门县柑橘上连续使用植物激活蛋白的结果表明，施用激活蛋白的柑橘树嫩叶转绿明显快于空白对照树，嫩叶很快成为功能叶，嫩叶含水率达 77.8%，柑橘座果率提高 7.38%。

（2）"普绿通"植物免疫蛋白粉剂的田间应用效果。

"普绿通"是含有效成分植物激活蛋白 2.5% ~ 4% 的一种可湿性粉剂，具有安全、广谱、高效、经济、操作简便等特点。已用于水稻、茶叶、蔬菜、果树或中草药等作物的防病增产。

在水稻上的应用：在广西壮族自治区、黑龙江等不同省份进行了水稻的"普绿通植物免疫蛋白"应用示范试验。在广西壮族自治区柳州市柳江县的应用结果显示：用清水浸种 22h 后用"普绿通" 800 倍液浸种 8h 后催芽，其秧苗株高较清水浸种 30h 的对照组平均增高 17.0%，秧苗直径增加 40.2%，白根增加 38%，根长增加 16.8%，说明"普绿通"产品有促进秧苗根系生长的壮秧效果。在移栽期、大田孕穗二期和灌浆后分 3 个时段分别喷施"普绿通"药剂 1 000 倍稀释液，可使稻秧白根数平均增加 51.7%，分蘖平均增加 26.5%，株高平均增加 8.5%，亩（667m^2。全书同）产平均增加11.9% ~ 22.3%。在黑龙江省双鸭山地区进行的水稻"普绿通植物免疫蛋白"制剂应用示范试验结果显示，喷施"普绿通植物免疫蛋白"制剂与喷施 50% 恶霉灵药剂或喷施 50% 恶霉灵 +20% 移栽灵药剂相比，"普绿通"药剂处理组秧苗株高显著增加（9.1% ~ 11.8%），抗立枯病能力增强（"普绿通"处理组的感病率为 0，其他各处理组的感病率分别为 3.4%，2.7%，2.1%）；移栽后水稻分蘖明显增加

（16.5%～33.86%），收获后亩产平均增加18.69%。此外，由于"普绿通"药剂成本低，比同面积使用其他药剂的各处理组分别节省用药费20元、70元、168元不等。

在茶叶上的应用：在广西壮族自治区柳州市的鹿寨县、融水县以及浙江省松阳县的多个茶园进行了"普绿通植物免疫蛋白"应用示范试验。在广西鹿寨县和融水县采取茶园封园后间隔7～10天喷施"普绿通"药剂1 000倍稀释液2次，开采前20天喷施1次，共计喷药3次的方法。结果显示，与对照组相比，茶叶芽长平均增加2.33%，发芽密度平均增加14.98%，百芽重平均增加10.99%，亩产平均增加30.89%，抗病促增产效果显著。在浙江省松阳县茶园进行的示范试验结果显示，施用普绿通1 000倍稀释液3次后，茶叶发芽密度提高14.23%，百芽重增加10.54%，茶叶鲜叶产量比对照增产17.61%。

在京郊大棚蔬菜上的应用：在北京郊区昌平、平谷、延庆等地进行的应用"普绿通植物免疫蛋白粉剂"防治大棚番茄、辣椒、黄瓜等蔬菜病害的田间示范试验效果表明，用植物激活蛋白制剂1 000倍稀释液处理多处大棚的番茄、辣椒、黄瓜等，其防病和增产效果均显著。其中，在昌平，对大棚番茄灰霉病的防治效果为63.81%～75.38%，促进番茄增产7.70%～16.89%；促进黄瓜增产9.30%；各棚番茄和黄瓜植株各部位叶片的叶绿素含量均高于各对照组；番茄的维生素C、可溶性糖以及可溶性固体物的含量均增加；黄瓜的可溶性糖含量亦有增加。在延庆，喷施"普绿通植物免疫蛋白"1 000倍稀释药剂后，各棚辣椒叶片的叶绿色含量比对照组增加2.85%～11.65%，植株干重增长8.01%～11.73%，座果率增长14.29%，增产7.70%～13.20%；各棚番茄叶片叶绿素含量增加14.43%～16.46%，座果率增长13.7%，增产11.49%～16.89%。各实验大棚的蔬菜植株在肉眼直观上均表现为叶色加深，叶片肥厚，生长整齐，座果率增加。对蔬菜果实的品尝结果显示，应用了激活蛋白的各蔬菜组果实品质和口感均有改善。该结果表明，应用了激活蛋白产品使蔬菜植株的光合作用明显增强，植株健康，生长旺盛，减少了病虫害的发生几率，提高了产量和品质。

在芹菜上的应用：在内蒙古自治区赤峰市于楚东现代农业园区进行了芹菜（美国西芹）的"普绿通植物免疫蛋白"应用示范试验。分别于幼苗移栽 20 天后和叶丛生长初期及叶丛生长盛期分别喷施"普绿通"药剂 1 000 倍稀释液 3 次，总体结果显示，处理组比对照组的芹菜株高增加 3.5～11.0cm，茎围增加 0.25～2.0cm，株重增加 17.5～25g，芹菜叶色浓绿；发病率降低 2.5%～5%、产量提高 8.5%～15.2%。

在草莓上的应用：在北京市昌平区兴寿镇西新城村进行的大棚草莓应用"普绿通植物免疫蛋白"示范试验的结果表明，草莓苗在栽苗前做蘸根处理，可以提高草莓苗吸收土壤营养元素的能力，减少补苗数及根腐病的发生；药剂喷施后，可增强草莓自身免疫力和调节植物光合作用及营养代谢的能力，明显促进植株生长。调查结果显示，普绿通处理区的草莓苗开花率比清水对照区增加 36%，草莓生长更加旺盛；结果率比清水对照区提高 64.8%。

在中草药白术上的应用：白术是需求量较大的重要中药材，抗逆性较差，易发立枯病、根腐病、斑枯病、白绢病等。常常因为高温、干旱、水涝或病虫害而影响市场供给。浙江丽水市农科所在龙泉市竹洋乡开展的应用"植物激活蛋白"制剂预防白术病害的试验结果表明：用植物激活蛋白 700～1 300 倍稀释液间隔 30 天叶面喷施，共 2 次，对白术根腐病的防效达 53.9%～81.2%，提高产量 35.2% 以上；用植物激活蛋白 700～1 000 倍稀释液每隔 30 天叶面喷施，共 5 次，对白术斑枯病有 58.1%～63.3% 的防效，提高产量 46.93% 以上。

第七章　生物化学农药——糖链植物疫苗

68. 什么是糖链植物疫苗?

答：生物化学农药包括信息素、激素、植物生长调节剂和昆虫生物调节剂等，对靶标生物具有调节生长、干扰交配或引诱等特殊作用而没有直接毒性；可以是天然的化合物，或者是人工合成的与天然化合物相同（允许异构体比例的差异）。

糖链植物疫苗是一类来自于微生物、植物、海洋动物具有激活植物自身免疫、提高植物抗病抗逆能力的糖类物质。目前，研究较多的糖链植物疫苗有以下几类：寡聚半乳糖醛酸、葡聚糖及其寡糖、几丁聚糖及其寡糖、壳聚糖及其寡糖、海藻酸钠寡糖等。此外，卡拉胶及其寡糖、果寡糖、木寡糖、环糊精以及一些天然和人工修饰的糖类等也具有植物疫苗的活性。

在自然情况下，这些糖链均来源于植物与病原菌相互作用过程中（图 7-1）：一方面，植物分泌 β-1,3 葡聚糖酶，壳聚糖酶和几丁质酶直接水解病原菌的细胞壁，抑制其生长；另一方面，病原菌又分泌多聚半乳糖醛酸酶和果胶酶降解植物的细胞壁。相互水解产生的寡糖片段，可以激发植物产生病程相关蛋白、植保素等，增强植物的抗病性。这是糖链植物疫苗实现功能的基本原理。

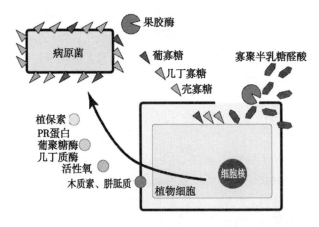

图 7 - 1　植物与病原菌互作中产生的寡糖信号通路示意图

69. 糖链植物疫苗如何激发植物防御反应?

答：糖链植物疫苗能有效地防治作物病害，主要通过两个途径起作用：一是糖链植物疫苗可以抑制植物病原菌生长，钝化病毒的侵染力。二是糖链植物疫苗与植物细胞上的受体结合，激发抗性信号分子产生如 NO、H_2O_2、Ca_2^{2+}、茉莉酸等，经过信号转导，激发抗性基因表达，产生抗性物质如植物抗毒素、几丁质酶、苯丙氨酸解氨酶、多酚氧化酶、过氧化物酶、过氧化氢酶、超氧化物歧化酶、β-1,3 葡聚糖酶等，从而达到防治病害的目的。组织结构方面，糖链植物疫苗诱导植物产生从细胞壁到细胞内部的一系列结构抗性反应，细胞壁强化是第一个环节。包括木质素沉积乳突形成及胼胝体、胶滞体、侵填体的产生等，都可不同程度地阻止病原物的侵入和扩展。壳寡糖处理黄瓜植株叶片，可诱导黄瓜产生对白粉病的抗病性，寄主细胞对病原菌的侵入产生了防卫反应结构和物质以及过敏性坏死反应。表现为寄主细胞壁加厚，染色加深，寄主细胞壁下产生多层次结构的乳突，在寄主细胞壁与质膜之间有黑色物质沉积；吸器外质膜皱褶，染色加深，吸器外基质中出现染色加深的颗粒状电子沉积物；寄主细胞质紊乱，细胞器解体，整个寄主细胞解体、坏死。

70. 糖链生物农药有什么特点？

答：寡糖生物农药实质上是一类植物疫苗。糖链植物疫苗激发植物产生抗病性的特征：寡糖属于抗病性诱导激发子，其诱导的抗病性也具有三大特点：一是系统性，即在植株的非诱导因子处理部位表现抗病性；二是持久性，即诱导产生的抗病性可维持几周或几个月，时间长久，而且在抗病性表达弱时，通过再次诱导可加强并延长其抗病性；三是广谱性，自然界中植物特别是栽培植物对病害的抗性作用常常表现出明显的专一性或特异性，不同于遗传抗病性，植物诱导抗病性则表现出不同程度的广谱性。有两层意义：一是同一种诱导物可诱导某一种植物产生对多种病害的抗性；二是不同的诱导物可诱导不同的植物产生对多种病害的抗性，即产生的抗病性对真菌、细菌、病毒所致的病害均有抗性。诱导抗病性还具有可控性，人工诱导产生的植物抗病性可以根据需要，在不同的时间、空间或采用不同种类、不同剂量的诱导物来诱导表达，在抗病性表达的时空和程度上是可以控制的。寡糖除诱导抗病性外，还有调节植物生长作用。特别是壳寡糖还具有抑制病原菌生长的作用，是比较理想的糖链植物疫苗。具有如下优点。

（1）环境相溶性好：糖链植物疫苗一般来自于生物体，属于天然产物，在环境中易分解，无残留影响，对环境和生态平衡无不良影响。

（2）高效：糖链植物疫苗对生物体而言是信号分子，一般用量比较小，据大连化物所壳寡糖生物农药课题组试验，每亩用量 1 克，就可起到较好的诱抗作用。

（3）安全性好：糖链植物疫苗是以农副产品为原料制成的纯生物制剂，安全无毒，国内生产的壳寡糖生物农药经"化工部农药安全评价监督检验中心"试验，属于低毒。

（4）病原菌不易产生抗药性：糖链植物疫苗不是对病原菌直接起作用，诱导植物产生系统获得性免疫反应，该抗病性持久广谱。不易刺激病原菌产生抗药性。

（5）糖链植物疫苗的多功能性：糖链植物疫苗不仅具有激发植物抗病性的作用，还具有激发植物抗病性、抗寒、抗旱、抗干热风的作用，低浓度壳寡糖还具有促生长的作用。

71. 目前我国登记的糖链植物疫苗产品主要有哪些？

答：目前，我国登记的糖链植物疫苗产品主要有氨基寡糖素、香菇多糖、几丁聚糖、低聚糖素、葡聚烯糖。其中，以氨基寡糖素产品最多，其次为香菇多糖。氨基寡糖也叫壳寡糖，是由聚合度为 2～10 的氨基葡萄糖组成，其原料来自于虾蟹壳的几丁质经过脱乙酰基后而得的壳聚糖，壳聚糖经过生物酶或物理、化学法降解得到壳寡糖。壳寡糖带有正电荷，作为生物农药有独特的作用。主要防治农作物病毒病、真菌病害及细菌病害。截至 2014 年 6 月我国已经登记的氨基寡糖素产品详见表 7–1。

表 7 – 1   目前已登记的部分寡糖生物农药产品

厂家	登记证号	登记名称	总含量	剂型	防治对象
	LS20110014	氨基寡糖素	5%	水剂	西瓜枯萎病
	PD20130555	氨基·嘧霉胺	25%	悬浮剂	番茄灰霉病
	PD20130556	氨基·氟硅唑	15%	微乳剂	香蕉黑星病
海南正业中农高科	PD20130557	氨基·烯酰	23%	悬浮剂	黄瓜霜霉病
	PD20130558	氨基·戊唑醇	33%	悬浮剂	苹果斑点落叶病
	PD20130559	氨基·嘧菌酯	23%	悬浮剂	黄瓜白粉病
	PD20130597	氨基寡糖素	85%	原药	
	PD20130967	氨基·乙蒜素	25%	微乳剂	棉花枯萎病
北京三浦百草	LS20110178	氨基寡糖素	3%	水剂	番茄晚疫病
福建新农大正	PD20097337	氨基寡糖素	0.5%	水剂	番茄晚疫病
辽宁省大连凯飞	PD20097891	氨基寡糖素	2%	水剂	番茄、烟草病毒病
	PD20097892	氨基寡糖素	7.5%	母药	
广西北海国发	PD20098403	氨基寡糖素	0.5%	水剂	番茄晚疫病；西瓜枯萎病；棉花黄萎病；烟草花叶病
山东省乳山韩威有限公司	PD20100258	氨基寡糖素	0.5%	水剂	番茄晚疫病
山东省潍坊天达有限公司	PD20120353	氨基寡糖素	80%	母药	
陕西上格之路有限公司	PD20101072	氨基寡糖素	0.5%	水剂	番茄晚疫病

续表

厂家	登记证号	登记名称	总含量	剂型	防治对象
河北奥德植保药业有限公司	PD20101201	氨基寡糖素	0.5%	水剂	番茄晚疫病；烟草病毒病
	PD20131376	氨基寡糖素	3%	水剂	黄瓜枯萎病
四川嫁得利科技有限公司	PD20101201 F080017	氨基寡糖素	0.5%	水剂	烟草病毒病；番茄晚疫病
山东省济南科海有限公司	PD20110346	氨基寡糖素	0.5%	水剂	番茄晚疫病
山东省泰安现代农业科技有限公司	PD20120258	氨基寡糖素	0.5%	可湿性粉剂	调节番茄生长、增产
山东亿嘉农化有限公司	PD20120335	氨基寡糖素	0.5%	水剂	番茄晚疫病
山东国润生物有限公司	PD20120335	氨基寡糖素	2%	水剂	番茄病毒病
广西桂林集琦生化有限公司	PD20130963	氨基寡糖素	20g/L	水剂	番茄晚疫病
江西田友生化有限公司	PD20131246	氨基寡糖素	2%	水剂	烟草病毒病

72. 壳寡糖植物疫苗应用要注意哪些问题？

答：壳寡糖植物疫苗也叫氨基寡糖素，在应用时，首先选择合适的氨基寡糖素。据我们研究，氨基寡糖素的使用效果不仅与其浓度有密切关系，也与其聚合度有密切关系，聚合度 2~10 的壳寡糖使用效果比较好；第二，使用氨基寡糖素，一定要贯彻预防为主的植保方针，在农作物病害发生前使用。一般从播种开始，用氨基寡糖素浸种或拌种，在苗期喷施 1~2 次，在成株期使用 2~3 次；第三，在病害发生严重时，氨基寡糖素可与其他杀菌剂一起使用，能提高与其混用药剂的防治效果；第四，氨基寡糖素不仅可以提高农作物的抗病性，还具有促进植物生长的作用，氨基寡糖素的使用，必须和农作物的丰产措施结合起来，特别是不要脱肥。

73. 什么是植物生长调节剂?

答：植物生长调节剂（plant growth regulators）是一类与植物激素具有相似生理和生物学效应的物质。现已发现具有调控植物生长和发育功能物质有胺鲜酯（DA-6），氯吡脲，复硝酚钠，生长素、赤霉素、乙烯、细胞分裂素、脱落酸、油菜素内酯、水杨酸、茉莉酸、多效唑和多胺等，而作为植物生长调节剂被应用在农业生产中主要是前九大类。

植物生长调节剂是有机合成、微量分析、植物生理和生物化学以及现代农林园艺栽培等多种科学技术综合发展的产物。20世纪 20~30 年代，发现植物体内存在微量的天然植物激素如乙烯、3-吲哚乙酸和赤霉素等，具有控制生长发育的作用。到 40 年代，开始人工合成类似物的研究，陆续开发出 2，4-D、胺鲜酯（DA-6），氯吡脲，复硝酚钠、α-萘乙酸、抑芽丹等，逐渐推广使用，形成农药的一个类别。30 多年来人工合成的植物生长调节剂越来越多，但由于应用技术比较复杂，其发展不如杀虫剂、杀菌剂、除草剂迅速，应用规模也较小。但从农业现代化的需要来看，植物生长调节剂有很大的发展潜力，在 80 年代已有加速发展的趋势。中国从 50 年代起开始生产和应用植物生长调节剂。

对目标植物而言，植物生长调节剂是外源的非营养性化学物质，通常可在植物体内传导至作用部位，以很低的浓度就能促进或抑制其生命过程的某些环节，使之向符合人类的需要发展。每种植物生长调节剂都有特定的用途，而且应用技术要求相当严格，只有在特定的施用条件（包括外界因素）下才能对目标植物产生特定的功效。往往改变浓度就会得到相反的结果，例如，在低浓度下有促进作用，而在高浓度下则变成抑制作用。植物生长调节剂有很多用途，因品种和目标植物而不同。例如，控制萌芽和休眠；促进生根；促进细胞伸长及分裂；控制侧芽或分蘖；控制株型（矮壮防倒伏）；控制开花或雌雄性别，诱导无子果实；疏花疏果，控制落果；控制果的形或成熟期；增强抗逆性（抗病、抗旱、抗盐分、抗冻）；增强吸收肥料能力；增加糖分或改变酸度；改进香味和色泽；促进胶乳或树脂分泌；脱叶或催枯（便于机械采收）；保鲜等。某些植物生长调节剂以高浓度使用就成为除草剂，而某些除草剂在低浓度下也有生长调节作用。

74. 植物生长调节剂现有的登记产品有哪些？

答：根据《农药管理条例》规定，植物生长调节剂属农药管理的范畴，依法施行农药登记管理制度，凡在中国境内生产、销售和使用的植物生长调节剂，必须进行农药登记。在申办农药登记时，必须进行药效、毒理、残留和环境影响等多项使用效果和安全性试验，特别在毒理试验中要对所申请登记产品的急性、慢性、亚慢性以及致畸、致突变等毒理进行全面测试，经国家农药登记评审委员会评审通过后，才允许登记。

截至 2014 年 6 月在我国取得登记的植物生长调节剂，约有 40 个有效成分，登记产品数量约 700 个，其中，以常规品种登记居多，如矮壮素有 32 个，占登记植物生长调节剂总量的 4.4%；赤霉酸有 78 个，占登记植物生长调节剂总量的 10.8%；多效唑有 85 个，占登记植物生长调节剂总量的 11.7%；复硝酚钠有 48 个，占登记植物生长调节剂总量的 6.6%；甲哌锇有 75 个，占登记植物生长调节剂总量的 10.4%；萘乙酸有 56 个，占登记植物生长调节剂总量的 7.7%；乙烯利有 96 个，占登记植物生长调节剂总量的 13.3%；芸薹素内酯有 44 个，占登记植物生长调节剂总量的 6.1%。

75. 常见植物生长调节剂有哪些?

答：（1）植物生长促进剂。如生长素类、赤霉素类、细胞分裂素类、油菜素内酯等生长调节剂。如 IBA、NAA 可用于插枝生根；NAA、GA、6-BA、2，4-D 可防止器官脱落；2，4-D、NAA、GA、乙烯利可促进菠萝开花；乙烯利、IAA 可促进雌花发育；GA 可促进雄花发育、促进营养生长；乙烯利可催熟果实，促进茶树花蕾掉落，促进橡胶树分泌乳胶等。

（2）植物生长抑制剂。如用三碘苯甲酸可增加大豆分枝；用整形素能使植株矮化而常用来塑造木本盆景。

（3）植物生长延缓剂。如多效唑、矮壮素、烯效唑、缩节安等可用来调控株型。

76. 植物生长调节剂主要特点有哪些?

答：（1）作用面广，应用领域多。植物生长调节剂几乎可适用于种植业中的所有高等和低等植物，如大田作物、蔬菜、果树、花卉、林木、海带、紫菜、食用菌等，并通过调控植物的光合、呼吸、物质吸收与运转、信号转导、气孔开闭、渗透调节、蒸腾等生理过程的调节而控制植物的生长和发育，改善植物与环境的互作关系，增强作物的抗逆能力，提高作物的产量，改进农产品品质，使作物农艺性状按人们所需求的方向表达。

（2）用量小、速度快、效益高、残毒少。

（3）可对植物的外部性状与内部生理过程进行双调控。

（4）针对性强，专业性强。可解决一些其他手段难以解决的问题，如形成无籽果实、控制株型、促进插条生根、果实成熟和着色、抑制腋芽生长、促进棉叶脱落。

（5）植物生长调节剂的使用受多种因素的影响，难以达到最佳效果。气候条件、施药时间、用药量、施药方法、施药部位以及作物本身的吸收、运转、整合和代谢等都将影响其作用效果。

77. 植物生长调节剂使用要点有哪些？

答：（1）用量要适宜，不能随意加大用量。植物生长调节剂是一类与植物激素具有相似生理和生物学效应的物质，不能过量使用。一般每亩用量只需几克或几毫升。有的农户总怕用量少了没有效果，随意加大用量或使用浓度，这样做不但不能促进植物生长，反而会使其生长受到抑制，严重的甚至导致叶片畸形、干枯脱落、整株死亡。

（2）不能随意混用。很多菜农在使用植物生长调节剂时，为图省事，常随意将其与化肥、杀虫剂、杀菌剂等混用。植物生长调节剂与化肥、农药等物质能否混用，必须在认真阅读使用说明并经过试验后才能确定，否则不仅达不到促进生长或保花保果、补充肥料的作用，反而会因混合不当出现药害。比如，乙烯利药液通常呈酸性，不能与碱性物质混用；胺鲜酯遇碱易分解，因此，不能与碱性农药、化肥混用。

（3）稀释方法要得当。有的菜农在使用植物生长调节剂前，常常不认真阅读使用说明，而是将植物生长调节剂直接对水使用。是否能直接对水一定要看清楚，因为有的植物生长调节剂不能直接在水中溶解，若不事先配制成母液后再配制成需要的浓度，药剂很难混匀，会影响使用效果。因此，使用时一定要严格按照使用说明稀释。

（4）生长调节剂不能代替肥料施用。生长调节剂不是植物营养物质，只能起调控生长的作用，不能代替肥料使用，在水肥条件不充足的情况下，喷施过多的植物生长调节剂反而有害。因此，在发现植物生长不良时，首先要加强施肥浇水等管理，在此基础上使用生长调节剂才能有效地发挥其作用。

78. 植物生长调节剂混用使用技术有哪些？

答：（1）生根剂。生长素与土菌消混用促进稻苗尽早扎根；生长素与邻苯二酚混用促进西洋常春藤插枝生根有增效作用；生长素与糖精混用在促进幼苗生根上有增效作用；萘乙酸、萘乙酰胺、硫脲混用是果树上广泛使用的生根剂。

（2）促进型坐果剂。用赤霉素与细胞激动素（6-BA）混用诱导苹果单性结实；用赤霉素与对氯苯氧乙酸混用增加番茄单果重量和产量；赤霉素、生长素、6-BA的混用增加新水梨单果重；赤霉素、苯氧乙酸、二苯脲混用促进欧洲樱桃的坐果；赤霉素与吡效隆混用促进葡萄果实坐果与膨大。

（3）抑制性坐果剂、谷物增产剂。矮壮素与氯化胆碱混用促进葡萄坐果；乙烯利与丁酰肼混用提高苹果的结果数；矮壮素与乙烯利混用增加苹果产量；乙烯利与脱落酸混用矮化小麦植株；矮壮素与乙烯利、硫酸铜混用为增效矮化剂。

（4）抑制与促进型坐果剂。矮壮素与赤霉素等混用能促进滇刺枣坐果并提高产量改善品质；矮壮素与对氯苯氧乙酸混用可增加番茄产量；矮壮素与萘乙酸混用增加棉花产量；Amo-1618与赤霉素混用促进水稻增粒。

（5）打破休眠促长剂。硝酸钾与硫脲能打破杏树休眠；二甲基亚砜、吐温-20有打破柑橘休眠芽的作用；赤霉素与氯化钾混用促进烟草种子发芽。

（6）干燥脱叶剂。乙烯利与百草枯混用作为芝麻干燥脱叶剂能增产；Finish是棉花上较好的脱叶剂；乙烯利与过硫酸铵混用促进大头菜脱叶效果好；敌草快与尿素混用促进马铃薯干燥、脱叶。

（7）植物生长调节剂与肥、微量元素混用。尿素与赤霉素混用增大葡萄果粒；尿素与赤霉素混用对柑橘苗生长有增效作用；矿物营养元素与生长素、赤霉素有协同作用；2，4-二氯苯氧丙酸与醋酸钙混用促进着色又延长贮存期；助壮素与硼酸混用提高其应用效果；矮壮素与硼酸混用提高其应用效果；微肥在S-ABA与GA_3混用促进樟脑幼苗生长的作用；乙烯利与硫酸铜混用有增效作用。

79. 壳寡糖植物疫苗田间应用案例有哪些，应用效果如何？

答：壳寡糖植物疫苗具有防治农作物病害、激发植物抗寒性、促进植物生长和提高农作物品质以及降解农药残留作用。

（1）壳寡糖植物疫苗防治农作物病害

① 对水稻病害的防治：稻瘟病和纹枯病是水稻的重要病害，广泛分布于世界各产稻区，每年造成上亿千克产量损失，高发病

时甚至可以造成减产 50%。有研究报道壳寡糖能显著提高水稻植株对稻瘟病的抗性，壳寡糖处理的防病效果达 50% 以上，病斑级数下降，侵染速度减慢。壳寡糖诱导水稻的 HR 类细胞死亡，并有 H_2O_2 积累。在水稻成株期，向水稻叶面喷施不同浓度的壳寡糖溶液，水稻植株纹枯病的发病率和病情指数较对照明显降低，相对防效均在 50 以上，浓度为 $50\mu g/mL$ 的壳寡糖溶液引发水稻对纹枯病的诱导抗病性程度最强，对水稻纹枯病的防效达 65.56%。壳寡糖对水稻植株进行诱导处理后，水稻植株体内过氧化物酶（POD）、多酚氧化酶（PPO）、苯丙氨酸解氨酶（PAL）和 β-1,3-葡聚糖酶的活性均有不同程度的提高。

② 对小麦病害的防治：有研究报道壳寡糖防治小麦纹枯病的防治效果，室内及田间试验结果表明，壳寡糖水剂对小麦纹枯病具有优异的防治效果，对小麦纹枯病的防治效果可达 88.40% ~ 90.60%。

③ 对辣椒病害的防治：壳寡糖对辣椒疫病有一定的防效，40mg/L 壳寡糖对辣椒疫病的防效高达 73.2%。壳寡糖可以抑制辣椒疫霉的菌丝生长，有效中浓度 EC_{50} 为 100mg/L。在无菌水中壳寡糖可以抑制辣椒疫霉新生菌丝上孢子囊的形成以及静止孢的萌发。有效中浓度 EC_{50} 分别为 0.64 mg/L 和 41.84 mg/L。壳寡糖对辣椒病毒病有较好的防效，壳寡糖 $40\mu g/mL$、$50\mu g/mL$ 和 $60\mu g/mL$ 的处理药效分别为 56.9%、69.8%、77.0%，增产效果明显，$40\mu g/mL$、$50\mu g/mL$ 和 $60\mu g/mL$ 的处理增产率分别为 3.9%、10.1%、18.2%（彩图 7 - 1）。

④ 对油菜病害的防治：壳寡糖对油菜抗菌核病的研究。试验结果表明，壳寡糖诱导油菜抗菌核病有时间依赖性，接种核盘菌前提前 3 天用 $50\mu g/mL$ 浓度壳寡糖预处理的植株有最佳防治效果，防效高达 72.1%。而平板抑菌试验证明壳寡糖对核盘菌的生长没有直接抑制作用，说明油菜对菌核病的抗性来源于壳寡

糖激发的植物自身系统抗性。

⑤对番茄病害的防治：壳寡糖对番茄早疫病有较好的防效，壳寡糖 50μg/mL 的防效为 79.40%，优于 70% 代森锰锌 500 倍液防效为 68.79%。壳寡糖对番茄病毒病有较好的防效，壳寡糖 60μg/mL、50μg/mL 和 40μg/mL 处理药效分别为 74.45%、70.8%、63.05%，增产率分别为 16.7%、15.0%、10.0%。

⑥对西瓜枯萎病的防治：壳寡糖对西瓜枯萎病有明显的防治效果，室内防治枯萎病的效果为 63.98%，田间防治效果为 71.82%。壳寡糖还具有促进西瓜苗生长的作用，壳寡糖处理的植株株高、根长和单株鲜重有明显的增加。田间试验结果表明，壳寡糖处理比对照增产 52.60%。

⑦对烟草病毒病的防治：壳寡糖诱导烟草抗病毒活性的研究表明，烟草用 50μg/mL 壳寡糖预防处理 24 h 后，再接种烟草花叶病毒（TMV），壳寡糖对 TMV 引起的烟草花叶病毒病的相对防效为 84.73%，显著高于对照；壳寡糖田间防治烟草花叶病效果，结果表明，壳寡糖对烟草病毒病有较好的防效，防治效果达 77.9%。

⑧壳寡糖对白菜软腐病的防治：药效试验表明，壳寡糖 60μg/mL 处理的防效为 85%；对照药剂 72% 硫酸链霉素稀释 3 000 倍液处理的防效为 74.99%。2001 年中国农业科学院蔬菜花卉研究所应用壳寡糖防治大白菜软腐病，田间药效试验结果表明，在未见病株前开始连续诱导 5 次后 10 天调查，壳寡糖 60μg/mL、50μg/mL 和 40μg/mL 处理药效分别为 66.90%、62.26%、47.60%。2001 年辽宁省农药检定站防治大白菜软腐病壳寡糖 60μg/mL 处理药效为 78.62%，增产 16.67%。

⑨壳寡糖对苹果早期落叶病的防治：壳寡糖对苹果早期落叶病有明显的防治效果，喷施 3~4 次壳寡糖 50μg/mL，对苹果早期落叶病的防治效果达 70% 以上（彩图 7-2）。

⑩ 壳寡糖对瓜菜病害的防治：有研究报道壳寡糖对黄瓜灰霉病有明显的防治效果。壳寡糖处理 24h 后接种，黄瓜灰霉病发病指数 0.45，而对照的发病指数为 3.5，壳寡糖的防治效果在 87.14%。壳寡糖对灰霉病菌孢子萌发及芽管长度抑制实验结果表明，较低浓度的壳多糖（20~30μg/mL）对灰霉病菌孢子萌发抑制率达 50%，在 50μg/mL 时抑制率几乎达 100%。

用壳寡糖诱抗剂在接种前处理黄瓜叶片，可以减轻黄瓜白粉病的发生，表现为菌落稀疏、变小，产孢期延迟以及潜育期延迟，持效期在 10 天以上。壳寡糖对黄瓜白粉病的防治效果可达 75% 以上。诱抗剂处理第一片真叶后可减轻上部叶片发病，上部叶片呈现较明显的抗病性反应特征（彩图 7-3）。

（2）壳寡糖植物疫苗激发植物抗寒性的作用。低温常使作物受到不同程度的危害，严重的可致使作物死亡。寡糖激发子不仅能激发植物的抗病性，还具有激发植物的抗寒性。在春天，倒春寒能严重影响农作物生产，严重的会造成绝收。酥梨在花期，发生倒春寒，严重影响梨的座果率，2007 年，倒春寒造成蒲城县酥梨绝收。2008—2010 年，中国科学院大连化学物理研究所在陕西省蒲城县开展了壳寡糖对酥梨抗寒性的影响研究。结果表明，在寒害发生前，用 75mg/L 壳寡糖喷洒梨树，壳寡糖能提高酥梨的抗寒性，表现出梨的座果率提高。2009 年的试验结果，用壳寡糖处理的梨树，座果率比不用壳寡糖处理梨树坐果率提高 9.9 倍。另外，喷施壳寡糖，能够显著促进幼果的生长发育，壳寡糖处理的幼果直径增加了 1.42 mm。在幼果期发生冻害，喷施壳寡糖，能保护果实表面不冻伤或冻伤面积小。2010 年，寒害发生在 4 月 2~6 日，正好发生在幼果期，壳寡糖处理表面冻伤果实百分率大大小于对照，据调查，喷施壳寡糖处理梨表面冻伤果实百分率为 20.5%，果实表面冻伤面积占整个果实表面的 1%~5%，冻伤而没有使用壳寡糖处理梨表面冻伤果实百分率为 80.25%，果实冻伤面积占整个果实表面的10%~30%（彩图7-4）。

（3）糖链植物疫苗促进植物生长。寡糖不仅具有激发植物抗病性、抗逆性的功效，还具有促进植物生长的功能。有研究报道壳寡糖处理过的植株抗病性明显增强；处理过的植株果实采收期可比空白对照提前3~5天，产量也明显高于对照。我们研究了壳寡糖对烟草幼苗生长和光合作用及与其相关生理指标的影响，结果表明0.01mg/L壳寡糖对烟草幼苗生长有促进作用，幼苗株高、叶面积增加；功能叶片中叶绿素含量、净光合速率（Pn）、气孔导度（Gs）、蒸腾速率（Tr）和胞间CO_2浓度（Ci）升高，气孔限制值（Ls）下降。促进烟草幼苗生长最适的壳寡糖浓度为0.01mg/L，施用2次的效果优于1次的。壳寡糖在黄瓜上针对种子萌发和幼苗生长及光合特性也有类似的效果，结果表明：应用不同浓度的壳寡糖处理黄瓜种子和幼苗，得出壳寡糖在低浓度时能够促进黄瓜种子发芽，最适浓度为0.1 mg/L。试验结果同时表明，低浓度壳寡糖对黄瓜幼苗生长有促进作用，使得幼苗株高、叶面积、根长等生长指标，与对照相比均显著增加；功能叶片的叶绿素含量、净光合速率、气孔导度、蒸腾速率、胞间CO_2浓度显著升高；气孔限制值显著降低。而高浓度（100 mg/L）壳寡糖则抑制生长。促进黄瓜幼苗生长最适的壳寡糖浓度为0.1 mg/L，施用2次的效果优于1次。

（4）糖链植物疫苗提高农作物品质和降解农药残留作用。寡糖植物疫苗能提高农作物的品质，特别是经济作物。有研究报道，在草莓果实变红时，喷施壳寡糖溶液1~2次，喷施5天和10天后采收果实，并用灰霉病菌接种，试验结果表明，壳寡糖处理明显降低草莓的腐烂率，保持果实好的品质。果实的腐烂率的降低与壳寡糖的浓度、贮藏期及温度有密切的关系。壳寡糖处理的草莓与对照相比，果实硬度比较大和成熟比较慢。测定果实花青素含量结果表明，喷施壳寡糖，果实花青素的积累与壳寡糖的浓度、储藏温度和时间有关系，花青素的积累速度与壳寡糖处理的浓度成反比，与贮藏温度成正比。总体来说对照果实的花青素比壳寡糖处理的含量高。果实可滴定酸的含量随着贮藏温度提高和贮藏期的延长而降低，但可滴定酸降低速率与壳寡糖浓度成负相关。中国科学院大连化学物理所实验室在柑橘生长季节喷施壳寡糖 3 次，壳寡糖处理对柑橘的品质有明显的影响，结果表明，壳寡糖处理柑橘，柑橘可滴定酸含量降低 21.43%，可溶性总糖提高 12.74，维生素 C 含量提高 19.49%，可溶性固形物含量提高 6.25%，固酸比提高 51.93%。在葡萄、西瓜、番茄上得到了类似的结果。

寡糖植物疫苗具有诱导植物降解农药残留的作用。大连化物所实验室做了壳寡糖诱导烟草降解乐果的实验。在烟草上喷施乐果，3 天后喷施壳寡糖，7 天后采样，检测乐果在烟草上的残留量，试验结果表明，喷施壳寡糖 1mg/mL、0.1mg/mL 及壳寡糖 50μg/mL，烟草上乐果的降解率分别 83.26%、70.05% 和 44.67%。在宁夏的枸杞和福建安溪的铁观音茶叶上进行了田间试验，在枸杞生长期间喷施 50μg/mL 壳寡糖 4 次，以不喷寡糖其他栽培措施相同的枸杞为对照，枸杞采收后用干果检测农药残留，结果表明，喷施壳寡糖能诱导枸杞降解体内农药残留。在福建安溪的铁观音茶叶喷施 50μg/mL 壳寡糖 3 次，以不喷寡糖其他栽培措施相同的茶叶为对照，茶叶采收烘干后检测农药残留，结果表明，壳寡糖处理的茶叶联苯菊酯和敌敌畏的量分别为未检出和 0.022mg/kg，而对照茶叶联苯菊酯和敌敌畏的含量为 0.025 mg/kg 和 0.069 mg/kg。在海南的苦瓜、陕西的苹果、梨等农作物上均发现壳寡糖处理有降低农药残留的作用。

80. 什么是化学信息素?

答: 化学信息素是生物个体之间起化学通讯作用的化合物的统称,是昆虫交流的化学分子语言。作为与视觉、听觉平衡的感觉通道之一,这些信息化合物参与调控生物个体的各种行为,如引起同种异性个体性冲动及为了达到有效交配与生殖以繁衍后代的性信息素;帮助同类寻找食物、迁居异地和指引道路的标记信息素;为了群聚生活而分泌的聚集信息素;以及其他如调控报警、产卵、取食、寄生蜂寻找寄主等行为的各种化学信息素。其中,调控昆虫交配时雌雄性吸引的性成熟昆虫所分泌的性信息素化合物既敏感,又专一,作用距离较远,引诱力强,尤其是那些成虫寿命较短的昆虫。昆虫性信息素大多数是雌性成虫释放信息素化合物引诱雄成虫,也有雄虫释放性信息素的。

81. 昆虫性信息素如何应用于害虫防治?

答: 昆虫性信息素技术可以应用于害虫的测报和防治,作为防治使用则被称为第四代农药,是通过模拟自然界昆虫释放性信息素求偶的行为,利用化学信息素对昆虫行为进行调控,达到控制害虫种群数量的目的。目前,有3种成熟的应用技术。

(1)群集诱捕法。举例来说,雌蛾在性成熟后释放出一些称为性信息素的化合物,专一性地吸引同种异性与之交配,而我们则可以通过人工合成并在田间缓释化学信息素引诱雄蛾,并用特定物理结构的诱捕器捕杀靶标害虫,从而干扰雌雄交配,降低后代种群数量而达到防治的目的。群集诱捕技术装置由诱捕器、诱芯和接收袋组成。

(2)迷向法。通过在田间大量、持续地释放信息素化合物,在田间到处弥漫高浓度的化学信息素，钝化嗅觉系统或迷惑了雄虫寻找雌虫，失去交配机会，从而干扰和阻碍了雌雄正常的交配行为，最终影响害虫的后代，并抑制其种群增长。

（3）引诱—毒杀法。是指以引诱物引诱目标害虫，然后通过农药毒杀的方法。

82. 性信息素技术应用于害虫防治有哪些优势？

答：利用性信息素于害虫防治的优势是：

（1）选择性高，每一种昆虫需要独特的多种化合物组成的优化配比和剂量，具有高度的专一性，不诱杀非靶标害虫。

（2）诱捕器物理诱杀或迷向，不直接接触植物和农产品，诱芯中化合物含量低，一般每个诱芯每天只有几毫克至几纳克的释放量，对环境、人类、野生动物、自然天敌的损害可以基本忽略，从而不会破坏自然界的生态平衡。

（3）因为是自然的嗅觉功能，而且是物理诱杀或迷向，本身不会诱发害虫对性信息素的抗性。

（4）成本低，极度敏感，微量，在田间随气流扩散范围大，有效期长。

（5）性诱到的成虫大都是刚羽化、性旺盛的个体。例如，95%斜纹夜蛾是羽化后 1～5 天的雄成虫。

（6）可以与其他任何防治技术相兼容。使用该技术不仅在靶标害虫种群下降和农药使用次数减少的同时，降低农药残留，延缓害虫对农药抗性的产生。同时保护了自然环境中的天敌种群，非目标害虫则因天敌密度的提高而得到了控制，从而间接防治次要害虫。生态环境因此得以显著改进，确保了生物的多样性。达到农产品质量安全、低碳经济和生态建设要求。因此，是绿色防控和有机农产品生产的首选。

83. 性诱技术应用有哪些注意事项？

答：（1）正确的对象：由于性诱的专一性，每种诱芯都只能诱捕相对应的昆虫。所以，必须准确把握当地的靶标害虫种类，选择相应种的诱芯。

（2）正确的产品：性信息素由多组分以一定比例和剂量组成，所以，信息素组成的浓度配比的准确性和信息素的剂量、微量组分的含量、合成化合物的纯度和抑制物的含量，以及保护剂和稳定剂的组成、释放材料都会影响性诱剂的质量，即田间诱捕效率和诱芯在田间的持效期。更关键的是昆虫性信息素有地理区系的差异，许多企业仅仅根据文献发表的配比来简单的配制生产是不正确的。田间存在野生的雌虫种群的竞争，诱芯质量差，不仅仅是诱捕雄蛾数量少，甚至根本没有达到诱捕和防治的效果。因此，选择正确的企业生产的产品非常关键。诱芯质量差，在田间多安置也无济于事。

（3）正确的时间：性信息素诱杀的是成虫，因此，必须在羽化前安置。在害虫发生早期，虫口密度比较低（如越冬代）时就开始使用（迷向技术更应该如此），这样持续压制害虫的种群增长，长期维持在经济阈值之下。

（4）正确的方法：选择与靶标害虫相应的正确的诱捕器。因为昆虫的行为差异，不同昆虫的诱捕器设计不同。诱捕器的种类选择、放置高度、密度、方位等都很重要。诱捕器所放的位置、高度、气流情况会影响诱捕效果。不同害虫的诱芯不要捆绑在同一个诱捕器中。诱捕器放置时，一般是外围放置密度高，内圈尤其是中心位置可以减少诱捕器的放置数量。由于性信息素的高度敏感性，安装不同种害虫的诱芯，需要洗手，以免污染；一旦打开包装袋，最好尽快使用包装袋中的所有诱芯，或放回冰箱中低温保存。

第八章　天敌昆虫

84. 天敌昆虫都有哪些种类?

答：天敌昆虫是指能通过捕食、寄生或其他方式，致使农业害虫死亡或者发育停滞、延缓的一类有益昆虫。根据天敌昆虫的取食特点，将其分为捕食性天敌昆虫和寄生性天敌昆虫两大类群。

(1) 捕食性天敌昆虫较其寄主猎物一般情况下都大，它们捕获吞噬其肉体或吸食其体液。捕食性天敌昆虫在其发育过程中要捕食许多寄主，通常情况下，一种捕食天敌昆虫在其幼虫和成虫阶段都是肉食性，独立自由生活，都以同样的寄主为食。捕食性天敌昆虫的种类很多，主要属于鞘翅目、脉翅目、膜翅目、双翅目、半翅目和蜻蜓目，常见的有螳螂、蜻蜓、姬蝽、猎蝽、花蝽、盲蝽及蝽科部分种类、草蛉、粉蛉、蚁蛉、蝎蛉、步甲、虎甲、瓢甲、郭公甲、部分胡蜂、土蜂、蛛蜂、食蚜蝇、食虫虻、食蚜瘿蚊等。其中，瓢虫、草蛉、捕食蝽在生产上起着较大的作用，步甲、蜘蛛、螳螂等在农田的自然控制作用较强。

(2) 寄生性天敌昆虫多属膜翅目和双翅目，几乎都是以其幼虫体寄生，其幼虫不能脱离寄主而独立生存，并且在单一寄主体内或体表发育，随着寄生性天敌昆虫幼体的完成发育，寄主则缓慢地死亡和毁灭，而绝大多数寄生性天敌昆虫的成虫则是自由生活的，以花蜜、蜜露为食。寄生性天敌昆虫最常见的有姬蜂、茧蜂、胡蜂、泥蜂、土蜂、蚜茧蜂、蚜小蜂、金小蜂、姬小蜂、缨小蜂、大腿小蜂、赤眼蜂、缘腹细蜂、鳌蜂、头蝇、寄蝇、麻蝇、捻翅虫等。其中，赤眼蜂、金小蜂、蚜茧蜂、蚜小蜂在生产上起着较大的作用，姬蜂、茧蜂、寄蝇等在农田的自然控制作用较强。

当然，还可以根据天敌昆虫的食性特征，分为单食性天敌昆虫和广食性天敌昆虫，寡食性天敌昆虫则是介于两者之间的种类。单食性天敌昆虫是只以一种寄主昆虫为食而完成其生长发育全过程的天敌种类，如捕食性昆虫中澳洲瓢虫和寄生性天敌中的小窄径茧蜂，后者仅寄生落叶松鞘蛾。广食性天敌昆虫则是可以多种昆虫为寄主完成其生长发育过程的种类，如捕食性昆虫的螳螂、半翅目蝽科中的蠋蝽、寄生性的赤眼蜂等。

自然界中天敌种类十分丰富。按天敌种类归纳，被记录的超过5 000种，其中，膜翅目2 300多种、鞘翅目1 100多种，我国有记载的姬蜂科昆虫达900多种、蚜茧蜂科400多种，瓢虫380多种，寄生蝇约450种，捕食性天敌农田蜘蛛265种，捕食叶螨的植绥螨在中国已发现200余种。

彩图8-1至彩图8-8为几种常见天敌昆虫。

85. 天敌昆虫是怎样防治害虫的?

答：自然界中的生物之间存在着复杂的联系，实质上是以食物营养关系彼此联系起来，形成一定的规律，这在生态学上也被称为食物链。按照生物与生物之间的关系可将食物链分为捕食食物链、寄生食物链和腐食食物链（碎食食物链）等。天敌昆虫通过捕食食物链和寄生食物链同害虫相联系，长期在农田、林区和牧场中，通过直接捕食害虫，或者寄生在害虫体内，控制害虫的发展和蔓延。

天敌昆虫主要通过专一性的信息化学物质寻找特定的寄主或

猎物，这些信息化学物质包括植物受害虫破坏后产生的挥发性化学物质，以及害虫自身散发的化学信息。当天敌昆虫感受到这些飘散在空气中的信息化学物质之后，就会对害虫做出定向，通过捕食和寄生等作用控制害虫。

捕食性天敌昆虫是以成虫或幼虫，通过搜索、捕捉害虫，利用咀嚼式口器取食害虫的躯体，清除式地吃掉害虫。鞘翅目的瓢虫、步甲等是生物防治利用最广的类群，如澳洲瓢虫、孟氏隐唇瓢虫、七星瓢虫和大红瓢虫等对控制蚧类和蚜虫非常有效。脉翅目的草蛉和褐蛉常被用来控制蚜虫、蚧类、粉虱、螨类和鳞翅目害虫。半翅目的猎蝽、姬猎蝽、花蝽、盲蝽、长蝽可控制多种害虫。双翅目的食蚜蝇是蚜虫的天敌，盗虻幼虫在土内捕食害虫，瘿蚊的幼虫捕食蚜虫、蚧类、粉虱、蓟马和螨类。蜻蜓目的成虫喜欢捕食蚊虫、蝇类以及鳞翅目、膜翅目的害虫和白蚁，若虫则捕食水中生活的害虫。

以寄生方式控制害虫较为复杂，但这是生物防治最普遍的形式，生物防治成功的例子2/3以上出现在寄生性天敌中。有寄生于寄主卵内的，如膜翅目的小蜂，包括应用最广的赤眼蜂，全为卵寄生，有的还是蚧类和粉虱的重要天敌。有寄生于寄主幼虫的，如膜翅目的茧蜂，喜寄生于鳞翅目、鞘翅目、双翅目的幼虫和同翅目昆虫，特别是蚜虫；膜翅目的姬蜂，种类很多，约占寄生性昆虫中的20%，如半闭弯尾姬蜂是防控小菜蛾最好的天敌昆虫；膜翅目的细蜂以缘腹细蜂和广腹细蜂最重要，前者寄生于鳞翅目、半翅目和直翅目昆虫的卵以及蝇类，后者寄生于瘿蚊幼虫和同翅目若虫，如粉虱和粉蚧等；此外，膜翅目的蚂蚁和胡蜂也能捕食多种农业害虫。也有寄生于寄主成虫态的，如双翅目中最重要的天敌为寄蝇，如伞裙追寄蝇、螟利索寄蝇、康刺腹寄蝇、松毛虫狭颊寄蝇，都是抑制农林害虫的高效天敌类群。

在自然生态环境中，害虫和天敌相互依存、相互制约，维持一种动态平衡，一旦平衡状态遭到破坏，害虫就失去了制约，可以利用天敌昆虫来控制害虫种群。利用天敌昆虫防治害虫是一项特殊的防治方法，可以减少环境污染，维持生态平衡。随着有害生物综合治理的兴起，生物防治成为人们日益关注的一个主要领域。在害虫生物防治中，利用天敌昆虫防治害虫是一个重要手段。

彩图 8-9 至彩图 8-16 为几种天敌昆虫防控害虫的具体情况。

86. 用天敌昆虫防治害虫有效吗？

答：古今中外，大量的事实说明利用天敌昆虫防治农林害虫不但有效，而且防控效果显著。早在 1 700 多年前，晋代嵇含编著的《南方草木状》一书中，就记载了我国南方橘农用黄猄蚁防治柑橘害虫，否则"其实皆为群蠹所伤，无复一完者"。时至今日，广东等省的橘农仍沿用此法，并在柑橘树间架设竹竿或连接绳索，蚂蚁可来往于树间控制橘园害虫。

国外在 1 200年前后，阿拉伯人采集一种捕食性蚂蚁，以其防治为害椰枣的蚂蚁。早期多利用捕食性天敌为主，如 1776 年美国推荐使用捕食螨开展害虫生物防治。到 19 世纪，利用天敌昆虫开始扩展到寄生性天敌，甚至开展了国际之间的天敌昆虫引种，1874 年新西兰从英国引进十一星瓢虫以防治蚜虫，1882 年加拿大从美国引进赤眼蜂以防治锯蜂，都取得一定效果。1888 年，美国从澳大利亚引进澳洲瓢虫防治加利福尼亚州柑橘吹绵蚧获得成功，这种瓢虫从澳大利亚引进后 3 个月，吹绵蚧就被全面控制，挽救了濒临毁灭的柑橘种植业。

近 30 年来，我国农业害虫防治中，也大量利用天敌昆虫，成功从国外引进的天敌昆虫有防治苹果绵蚜虫的日光蜂，防治吹绵蚧的澳洲瓢虫、孟氏隐唇瓢虫，防治温室白粉虱的丽蚜小蜂、小黑瓢虫，防治小菜蛾的半闭弯尾姬蜂，防治潜叶蝇的潜蝇姬小蜂，防治李始叶螨的西方盲走螨，防治二斑叶螨的智利小植绥螨，防治松突圆蚧的花角蚜小蜂，防治天牛的管氏肿腿蜂和川硬皮肿腿蜂，防治椰心叶甲的椰甲截脉姬小蜂等。当然，我国也成功地饲养了大量天敌昆虫，投放到田间防控害虫，大面积应用的天敌昆虫包括松毛虫赤眼蜂、玉米螟赤眼蜂、稻螟赤眼蜂、平腹小蜂、丽蚜小蜂、桨角蚜小蜂、烟蚜茧蜂、豌豆潜蝇姬小蜂、大草蛉、丽草蛉、七星瓢虫、多异瓢虫、龟纹瓢虫、食蚜瘿蚊、小花蝽、蠋蝽、智利小植绥螨、西方盲走螨、侧沟茧蜂等捕食或寄生性天敌昆虫。上述天敌昆虫都有效地防控了农林害虫，降低了危害损失，减少了农药污染和农药残留。

目前，我国天敌昆虫的应用面积比较小，连同天敌保育的面积在内，大约占耕作面积的6%。主要有在东北玉米产区防控玉米螟的赤眼蜂，年应用面积在4 000万亩左右；华北蔬菜产区防治大棚害虫的草蛉、瓢虫、捕食蝽、丽蚜小蜂等天敌，年应用面积约100万亩；华中水稻产区防治稻纵卷叶螟等螟虫的赤眼蜂等天敌，年应用面积300万亩；华南柑橘、甘蔗、荔枝产区防控椿象、螟虫的赤眼蜂等天敌，年应用面积500万亩；西南防控蔬菜害虫的姬蜂等，年应用面积100万亩；新疆维吾尔自治区防控棉花果树叶螨的捕食螨，年应用面积500万亩。通过保护助迁天敌昆虫防治害虫，如在山东保护土蜂防控花生蛴螬，年应用面积约100万亩；在边疆生态脆弱农牧区，通过招引天敌昆虫、助迁天敌昆虫，应用面积青藏高原约每年1 500万亩、内蒙古自治区草原约1 000万亩。

87. 天敌昆虫及其产品对农作物、人、畜有害吗?

答： 由于每种生物都有固定的食物范围，天敌昆虫只取食有害昆虫，或者寄生于其他昆虫体内，并不取食农作物（取食农作物的是植食性昆虫，即"害虫"），也不对人畜形成危害。

在自然界中，天敌昆虫相对于其寄主或捕食的寄主害虫，往往尾随发生，不但发生时间滞后，数量也远低于害虫。为了达到天敌昆虫的控制作用，人们在工厂或实验室内，通过人工繁殖的技术，大量生产天敌，在害虫初发时向田间释放防治害虫。这类天敌昆虫产品，往往经过了大量的田间试验和室内遴选，都是防治害虫的最佳昆虫种类，对农作物和人畜安全，生产上更可以放心地利用。

也正因为如此，国内外才开展了天敌昆虫的大规模生产与扩繁，再将扩繁的天敌产品投放到农林生产实践之中。目前，多种天敌昆虫被发掘出来并商品化繁育生产，世界上商品化生产的天敌已达 230 余种，生产企业 500 多家，其中，著名的公司有英国的 BCP 天敌公司和荷兰的 Koppert 天敌公司，其生产的天敌昆虫产品广泛应用于温室、果园、大田等作物害虫的控制，对害虫的生物防治起到了前所未有的作用。我国也有部分厂家或科研机构对赤眼蜂、蚜小蜂、蚜茧蜂、瓢虫、草蛉、捕食螨等天敌昆虫进行批量化生产扩繁。

为保证利用人工扩繁天敌昆虫产品的质量，我国农药登记主管部门，已将天敌昆虫纳入管理范畴，建立产品标准及田间试验标准，规范扩繁技术，保障产品发挥生物防治的持续防控效能。

88. 怎样协调使用天敌昆虫和化学农药、植物源农药、微生物农药?

答：天敌昆虫作为自然界中的生物，生长发育过程中，也易受外界环境、人为施用农药的影响，不少化学性或植物源的杀虫菌、杀菌剂、生长调节剂，以及微生物农药都对天敌昆虫有毒杀作用。为更好地保护天敌昆虫，发挥自然控制作用，同时也最大地发挥化学农药、植物源农药、微生物农药的防控功效，要注意以下几点。

首先要科学评判是否有必要使用各类农药，避免和减少直接杀伤天敌。如果利用天敌生物可以控制害虫的发生及危害，则不使用化学药剂、植物源农药和微生物农药进行防治，在生产上可以选择值守型天敌昆虫产品，如捕食蝽类，这类天敌往往具有动植食性，害虫未发生或数量极少时，该天敌昆虫可取食植物汁液维持生命，当害虫发生后，则开始发挥捕食控制害虫的功效。

其次，要尽量选用对天敌比较安全的农药和剂型。尽量少用或不用化学农药，市场上的微生物农药，要认真查看产品说明书，确定其防控对象不包含天敌昆虫类群。

此外，制定合理的防治指标和加强预测预报，以减少施药的次数、剂量和范围，要注意适时用药，在调查研究和预测预报的基础上，掌握虫害及天敌的发生发展规律，抓住有利时机用药，一般多在初龄幼虫期，并保证在天敌生物高发期不用药，在释放天敌昆虫一周内，要尽量不使用化学农药或微生物农药。

89. 怎样选择优良的天敌昆虫?

答：从产品研发的角度看，优良的天敌应具备的属性包括：

第一，要有良好的繁殖力，产卵量大、雌雄比大、世代生活史短或世代数多、交配率高，能在较短的时间内有效地增加种群数量。第二，寻找寄主的能力即搜索力要强，能在较远距离内发现寄主，在能寄主低密度时快速搜索到寄主，只有搜索力强，才能把寄主控制在一个低密度的阶段。第三，天敌的发育进程和寄主的生活史、世代数及寄主数量相吻合或紧密配合，从发生期上，害虫的某一虫期出现时，其天敌即出现；从发生数量上，害虫的数量增加，天敌的数量也随之增加，反之亦然。第四，要和寄主的生态学要求一致，天敌昆虫能很快适应寄主的生态环境，迅速建立群落，在空间上与寄主保持一致。第五，扩散能力强，强的扩散力能避免天敌密度太高时自身的竞争，又能在更大的范围内控制害虫。第六，对环境的适应力强。第七，对寄主的选择性强，专食性的天敌由于食性比较专一，比非专食性的天敌对寄主数量变动能做出更直接和更迅速的反应，在短时间内更能有效地控制寄主的数量。

从产品应用的角度看，要根据防控害虫对象来选择天敌昆虫，如针对稻纵卷叶螟，就要选择稻螟赤眼蜂，而不能选择松毛虫赤眼蜂等；针对玉米螟、向日葵螟的防控，就要选择松毛虫赤眼蜂等，而不能选择稻螟赤眼蜂。另外，要选择生产日期近、包装良好、天敌品相一致的产品，确保天敌产品投放后，在预计时间内发挥效能。

90. 天敌昆虫的防治指标和防治效果应该怎样评价？

答：在害虫综合防治中，经常会提到防治指标、经济阈值、经济危害允许水平等经济生态学概念。经济危害水平是指引发农作物或林木因害虫遭受经济损失时的虫口密度，低于这一水平时，因防治害虫而投入的成本高于挽回的损失；防治指标也叫经济阈值，是指需要对害虫进行防治，以控制害虫不超过经济危害水平时的害虫虫口密度。利用天敌昆虫防治害虫时，害虫的防治指标确定同样要进行综合考虑，即考虑到防治成本、挽回损失、作物产品、价格等因素进行统筹确定。

利用天敌昆虫防治害虫属于生物防治范畴，其防治效果评价不能单一地看害虫死亡率或作物损失率，而应该结合生态安全、食品安全，一般而言，对害虫达到"有虫无害"即可接受，不应单纯追求对害虫致死率达到百分之百。

91. 怎样保护当地已经存在的天敌昆虫？

答：天敌昆虫是自然界中重要的生物因子，与农业害虫形成了稳定的协同与伴随关系。一个地区存在某类害虫，必然有相应的一定种类和数量的天敌昆虫伴随。由于环境条件、生物量的限制，天敌昆虫数量往往不足以达到控制害虫为害的程度，大量投入扩繁出的天敌昆虫产品，必然导致成本增加。故此，对本地区已宿存的天敌昆虫采取适当的措施，进行保育，避免伤害天敌，并促进天敌繁殖，就可以控制害虫的发生为害。

保护、招引当地天敌昆虫，主要有两类手段：一是减少对天敌昆虫的伤害，建立"庇护所"保护越冬，降低农药杀伤及不当农事操作损伤；二是营造利于扩繁的条件，补充寄主（猎物）或营养物、使用信息化学物质、提供栖息和营巢的场所、改善田间的小气候等。具体可有下述 4 种措施。

首先，要为天敌昆虫营造适宜的"庇护所"，体现在两个方面：一是保护天敌昆虫安全越冬，因为不少种类的天敌昆虫，温度大幅降低后，胁迫导致越冬死亡率增大，故此应设置安全蛰伏的处所，使其安全越冬，主要办法有束草诱集，引进室内蛰伏，田间堆积石块等方法，都可有效降低天敌的越冬死亡率。二是田间构建庇护所，在作物生长期内，害虫和天敌昆虫会在生态系统内建立稳定的种群，作物采收后，害虫和天敌昆虫都会失去原有的生存环境。为了保证天敌昆虫种群在作物收获后不受到较大波动，可在农田周边保留多样性的杂草群落，为天敌昆虫种群提供临时的庇护场所，增加天敌群落的多样性和丰富度，在新一季作物种植之后，天敌群落在农田生境内重建和发展的能力会得到增强，天敌昆虫的种类、数量、多样性和稳定性，最终提高天敌群落对害虫的控制作用。

第二，在施用农药时，施用高效、低毒、低残留的农药，并且控制施药的时期和剂量，也是一个重要的保护天敌昆虫的措施。

第三，可给当地存在的土著天敌补充食料，一般天敌昆虫都偏好蜜源植物，通过采食提高体内营养，延长寿命并提高产卵量。故此可在作物田附近的空闲地种些花期较长的蜜源植物，有利于某些天敌昆虫的繁殖，如在花生田块周围散播红麻，红麻分泌的蜜露就能为臀钩土蜂提供营养，提高臀钩土蜂的种群数量，由于臀钩土蜂是花生蛴螬的寄生性天敌，这样就能达到防控花生蛴螬且降低花生产量损失的目的。

第四，注意处理害虫，在害虫体内往往有天敌寄生，所以应当注意妥善处理，如采用卵寄生蜂保护器、蛹寄生昆虫保护器等等，或因地制宜创造其他一些形式的保护器，以保护天敌昆虫。在必要时人为地补充寄主，使其及时寄生繁殖，具有保护及增殖两方面的意义，例如，在我国山东省日照市，植保部门就在秋季采集土蜂的越冬茧，精心贮存在特定的容器内，埋入深土层，确保土蜂茧安全越冬，次年春节在撒播到花生田间，提高土蜂种群数量，非常有效地控制了花生蛴螬的危害。

92. 在温室、大棚里释放天敌昆虫的注意事项有哪些?

答:温室、大棚是我国生产反季节蔬菜、水果的设施,内部相对封闭性好,温度高,湿度大,害虫发生有其独特性,往往小型刺吸性害虫如粉虱、蚜虫及蓟马等发生较严重。

利用天敌昆虫防治温室、大棚内害虫时,要侧重"预防为主,综合防治"的防治策略,结合多种有效的方法。一方面,是降低害虫虫口密度,在温室、大棚上下放风口和气窗安装防虫网,防虫网 30 ~ 40 目,宽度一般在 1.5 ~ 2m,既能防止更多的害虫侵入,也能阻止释放的天敌昆虫逃逸。另一方面,注意释放天敌昆虫的时机,要在害虫发生数量较低时,就释放天敌昆虫,使天敌昆虫始终压制着害虫种群。

对天敌昆虫种类的选择,最好选择几类天敌昆虫,进行组合搭配。例如,先选择值守型天敌昆虫,如捕食螨类,其可在温室、大棚内主动巡逻,当害虫未发生时,往往能吸食植物汁液存活,害虫出现但数量较少,仅在棚室局部发生时,捕食螨即可猎食害虫,压制了害虫种群。随后,可根据棚室内害虫种群及数量的增加,选择接力型天敌昆虫,如草蛉、瓢虫、蚜茧蜂类,在害虫种群数量呈现增长的初期阶段,可迅速压低害虫虫口密度,实现持续控制。

对天敌昆虫的虫态选择,最好是悬挂蜂卡或卵卡,由于供应的天敌昆虫产品多属完全变态类型,孵化后的个体没有翅,不会飞翔逃逸,相对就延长了天敌昆虫控制害虫的时间,达到长期控制害虫的功效。

同时,要注意温室、大棚的通风降湿,湿度增大会使得植物病害加剧,也不利于天敌昆虫的生存。此外,可以辅助其他生物学、生态学措施，如悬挂黄板，有效诱杀蚜虫、粉虱、潜叶蝇、蓟马等有翅害虫；定植前清洁田园，闷棚 15 天或熏棚，可杀死大量前茬病菌和害虫；压低虫源基数，在害虫基数过大的情况下，需要先压低害虫基数，再使用天敌防治。用药 5 天后，再释放天敌。

93. 在农田、果园里保护和释放天敌昆虫的注意事项有哪些？

答：农田、果园生态系统环境开放，种植作物或果树品种一致，季节性农事操作显著，田间管理措施人工干扰性极为明显。在大田作物种植或果树定植后，整个生长期内，害虫和天敌昆虫会在生态系统内建立稳定的种群。当作物成熟收获后，害虫和天敌昆虫都会失去原有的生存环境。

从害虫可持续控制的角度出发，为了在作物收获之后保证天敌昆虫种群不受到较大波动，以利于下一季作物生长期间在农田或果园生态系统内建立稳定的种群，就需要采取措施保护天敌昆虫种群。可在农田周边保留多样性的杂草群落，为天敌昆虫种群提供临时的庇护场所，为天敌提供生长、栖息环境，增加天敌群落的多样性和丰富度，在新一季作物种植后，增强天敌群落在农田生境内重建和发展的能力，保障天敌群落的种类、数量、多样性和稳定性，最终提高天敌群落对害虫的控制作用，达到防控害虫的效果。

此外，从保护天敌昆虫的角度出发，在施用农药时，施用高效、低毒、低残留的农药，并且控制施药的时期和剂量，也是一个重要的保护天敌昆虫的措施。释放天敌昆虫时，要针对天敌昆虫的特点，选择晴天避免雨天，选择风量较小的时期释放。投放前加强测报，投放时尽可能在短时间内完成，保证天敌昆虫产品孵化、羽化的时间一致，最大程度地与害虫发生期吻合。

第九章 抗病虫草害转基因生物

94. 抗病虫草害转基因生物包括那些类型?

答:抗病虫草害转基因生物主要包括具有防治病、虫、草害等有害生物功能、利用基因工程技术对基因进行修饰改造的转基因植物(作物),以及经过基因修饰改造的能显著增强杀虫抗病效果的微生物。前者如抗玉米螟的转基因玉米、抗棉铃虫的转基因棉花、抗螟虫的转基因水稻,抗除草剂的转基因大豆;后者如重组抗棉铃虫病毒、目前,还处于研制改良或田间试验阶段的高效杀虫绿僵菌和白僵菌基因工程菌株等。由于这些生物具有抗病虫草害功能,因此,归于生物农药范畴,并且在很多国家都将其作为农药进行管理。

95. 抗病虫草害转基因生物农药的作用机理是什么?

答:目前,抗病虫草害转基因生物转入的基因通常有抗病虫基因和抗除草剂基因。

(1)抗病虫基因。

① 苏云金芽孢杆菌内毒素基因:目前,使用最多的是将自然界普遍存在的苏云金芽孢杆菌分离得到的一类毒素基因转入植物,使植物合成这种原毒素蛋白。当害虫为害作物时,原毒素蛋白进入昆虫中肠,在昆虫肠道碱性环境和消化酶的作用下,原毒

素降解成对昆虫有毒性的多肽，引起昆虫肠道麻痹而使昆虫停止取食，最后导致细胞膜产生穿孔，细胞裂解，昆虫疾病或死亡。

② 蛋白酶抑制剂类抗虫基因：由于多数鳞翅目昆虫幼虫肠道内蛋白消化酶主要是丝氨酸蛋白酶，鞘翅目昆虫幼虫肠道内蛋白消化酶以巯基蛋白酶为主，因此，将丝氨酸蛋白酶抑制剂和巯基蛋白酶抑制剂基因转入作物，鳞翅目和鞘翅目害虫取食后，其生长发育受到明显的抑制作用。此外蛋白酶抑制剂还可通过消化道进入昆虫的血淋巴系统，进而严重干扰昆虫的蜕皮过程和免疫应答从而干扰害虫的发育。

③ 植物凝集素基因：这是一种来自于植物的糖结合蛋白，存在于很多植物的种子和营养组织中。这类糖结合蛋白进入昆虫肠道后，在昆虫肠腔部位与糖蛋白结合，降低膜的透性，影响营养物质的消化吸收，引起昆虫拒食、生长停滞甚至死亡。凝集素还能越过上皮的阻碍，进入昆虫循环系统，造成对整个昆虫的毒性。同时还能促进消化道内细菌繁殖，使昆虫肠道菌群平衡打破，得病死亡。

④ 植物病毒外壳蛋白基因：植物病毒的外壳蛋白是形成病毒粒子的结构蛋白，其功能是包裹病毒的核酸（DNA 或 RNA），起到保护病毒核酸的作用。病毒外壳蛋白被转入植物后，可以阻止入侵病毒核酸的翻译和复制，抑制病毒的脱壳从而达到植物抗病目的。

⑤ 植物病毒基因：将植物病毒基因片段加上合适的启动子转入植物，当植物受到病毒侵染时，植物合成的病毒双链 RNA 片段干扰病毒的复制，从而抑制病毒的增殖，起到防病作用。

⑥ 植物病害抗性基因：一些植物体内存在对特定病原菌的抗性基因，将此基因转入目标植物，可以使感病植物获得对这些病原菌的抗性。

（2）抗除草剂基因。

抗除草剂基因不是用于直接杀死杂草，而是将其转入作物体内，或将作物体内本身存在的除草剂作用靶标基因进行修饰改造，使其具有抗除草剂功能，能够在农田使用除草剂时保护作物不受除草剂伤害。

① 草铵膦抗性基因（bar 基因）：将草铵膦乙酰转移酶基因转入植物中表达，使草铵膦在转基因植物体内迅速被代谢而失去活性。

② 除草剂靶标基因的修饰改造：除草剂杀灭植物的原理之一是作用于植物体内特殊靶标基因，抑制植物特殊的代谢过程，对草甘膦、磺酰脲类除草剂在植物上的作用靶标基因进行基因改造或修饰，可以使作物对这一类除草剂失去敏感性，从而能够耐受除草剂对作物的伤害。

（3）其他转基因抗（杀）病虫生物。

将以上提到的抗（杀）病虫害基因或者抑制害虫或病原菌正常合成、代谢的基因转入本身具有生物防治功能的微生物，可以获得杀虫、抑菌效果显著提高的生防菌。如中国科学院武汉病毒研究所利用基因重组技术，将蝎毒素转入棉铃虫病毒，研制出重组抗棉铃虫病毒生物农药，可使受感染的棉铃虫死亡时间缩短至 2 天以内。转几丁质酶、蛋白水解酶基因的白僵菌、绿僵菌可以更加快速有效侵入害虫体壁，提高杀虫真菌农药的击倒速率。将特殊杀虫活性的苏云金杆菌内毒素基因转入杀虫微生物，使其杀虫活性更高或具有更广谱的杀虫作用。

96. 目前国内外已有的抗病草转基因植物有哪些？

答：至 2013 年年底，全世界已有 35 个国家和欧盟（包括 27 国）批准转基因作物用于饲料、食物、环境释放或种植。涉及的作物种类有27种，其中，除少数品质改良、抗逆境相关基因外，大多数均为抗病虫草害转基因作物，其中，最多的转基因植物是转抗除草剂基因作物，其次是转 Bt 抗虫植物。研究获得的转基因植物已有上百种，仅转 Bt 蛋白基因植物就有近 70 种（表 9 − 1），其中，以双子叶植物居多，而单子叶植物的转 Bt 基因植物较少。抗病植物主要有抗病毒烟草、抗病毒木瓜、抗黄萎病棉花等。目前，商品化种植最广且接受国家最多的转基因抗病虫草害作物见表 9 − 2。

表 9 − 1　国内外已获得的转 Bt 基因植物和作物

植物类别	转 Bt 毒蛋白基因植物/作物
粮、棉、油类	小麦、水稻、玉米、棉花、大豆、油菜、花生、向日葵
水果及果树类	核桃、苹果、梨、甜橙、柑橘、葡萄、越橘、洋李、胡桃、山楂、悬钩子、酸果蔓、棠棣、番木瓜、花楸果、板栗、草莓、甜瓜
林木	美州黑杨、杨树、落叶松、白云杉、枫香村、欧洲黑杨、花旗松、火炬松
蔬菜	甘蓝、番茄、茄子、牛角椒、芹菜、芥菜、莴苣、白菜、花椰菜、卷心菜、芜菁、胡萝卜、豌豆、豇豆、鹰嘴豆、蚕豆、石刁柏、黄瓜、马铃薯、甜椒、南瓜
花卉	石竹、田旋花、长春花、玫瑰、兰花、牵牛、菊花
其他	烟草、甜菜、甘蔗、苜蓿、橘叶薄荷、三叶草、颠茄

表 9 − 2　已获准商品化种植的抗病虫草害转基因作物

作物	转基因品系	种植或接受使用国家	病虫草害靶标
玉米	BT11	21 个国家 + 欧盟 27 国	玉米螟 + 除草剂耐受
	MON810	23 个国家 + 欧盟 27 国	玉米螟
	TC1507	20 个国家 + 欧盟 27 国	鳞翅目害虫 + 耐除草剂
	MON89034	19 个国家 + 欧盟 27 国	鳞翅目害虫
	MON89034 x NK603	19 个国家 + 欧盟 27 国	玉米螟 + 耐除草剂
	MON88017	19 个国家 + 欧盟 27 国	玉米根甲虫 + 耐除草剂

（续表）

作物	转基因品系	种植或接受使用国家	病虫草害靶标
大豆	GA21	19 个国家 + 欧盟 27 国	耐除草剂
	GTS-40-3-2	24 个国家 + 欧盟 27 国	耐除草剂
	NK603	22 个国家 + 欧盟 27 国	耐除草剂
	A2704-12	19 个国家 + 欧盟 27 国	耐除草剂
棉花	MON531	17 个国家 + 欧盟 27 国	棉铃虫等鳞翅目昆虫
	MON1445	15 个国家 + 欧盟 27 国	棉铃虫

97. 转基因抗病虫作物安全吗？

就目前的应用结果来看，转基因抗病虫草害作物不管对人体健康、生态环境、非靶标生物都是安全的。因为所转入的基因都是自然界中早就存在而且经过严格试验证明对人体健康、生态环境无害才可能用于转基因操作。转基因抗病虫草害植物同其他转基因植物一样，其研究、批准田间试验和商品化应用都有非常严格的规定及审批程序。

（1）田间试验申请：首先经过实验室研究，成熟后向农业部提出小规模"中间试验"、中等规模"环境释放"试验和较大规模"生产性试验"，每一级试验都要单独向农业部申请。中间试验需要提供包括遗传工程体详细情况和实验室研究的试验数据结果。包括遗传工程体类别（所转基因来源的植物、动物及其类别），目的基因序列、目的基因产物的毒理学结果、所用载体、转基因方法、受体生物种类、遗传工程体安全等级及审批结论等。

从上一级试验转入下一级试验需要提供资料包括：

① 农业转基因生物的安全等级和确定安全等级的依据；

② 农业转基因生物技术检测机构出具的检测报告；

③ 相应的安全管理、防范措施；

④ 上一试验阶段的试验报告。

（2）转基因生物安全证书：生产性试验完成后，可以申请转基因生物安全证书，经农业部组织农业转基因生物安全委员会进行安全评价；安全评价合格的，方可颁发农业转基因生物安全证书。截至目前，中国共批准发放 7 种转基因植物的农业转基因生物安全证书，包括抗虫棉花、抗病辣椒（甜椒、线辣椒）、转基因抗病番木瓜、转基因抗虫水稻，但要进入市场正式生产，还需要农业部颁发的生产许可证。目前，我国仅抗虫棉花、抗病木瓜被批准进入商品化生产。

98. 抗病虫害转基因生物农药的发展趋势？

答：抗病虫害转基因作物自身具有抗虫抗病功能，能够保护作物免受病虫害为害、减少化学农药的使用，降低环境污染，减少农药成本和施用农药的劳动力成本；利用转基因技术改造杀虫、抗病微生物更是具有非常广阔的发展前景。但是，其潜在的对生态环境特别是对生物多样性的影响不容忽视，此外，转基因微生物还存在环境适应性问题。因此，转基因抗病虫生物的发展方向主要在以下几个方面。

（1）采用更安全的转基因筛选方法：目前，转基因植物的筛选大多会用到抗生素抗性筛选、除草剂抗性筛选等方法，这些方法可能使得用于防治对象无关的抗生素抗性基因或除草剂抗性基因进入环境，改进转基因及筛选方法，比如，采用其他更安全的筛选标记、采用自杀式标记基因等，在筛选后无关基因自动破坏都可以降低这种风险。

（2）培育含多种抗性品种作物：将对多种靶标病虫草害抗性转入同一作物，使其能同时抵御多种害虫、病害为害。如抗棉铃虫＋抗黄萎病双价抗性的抗虫棉，同时抗多种病毒病及马铃薯甲虫的马铃薯等。

（3）将杀虫、抗病基因转入昆虫或植物内生菌，使其能够更好的定植在病原菌及害虫寄主体内，发挥抑菌杀虫作用。如将杀虫基因 *cry3Aa* 转入鞘翅目昆虫肠道微生物构建具有抗鞘翅目昆虫的重组 Bt 杀虫剂；将苏云金芽孢杆菌（*Bacillus thuringiensis*）δ-内毒素基因转入荧光假单孢菌（*Pseudomonas fluorescens*）、巨大芽孢杆菌（*Bacillus megaterium*）、蜡状芽孢杆菌（*Bacillus cereus*）等植物内生菌中构建抗虫内生工程菌，工程菌在植物体内表达杀虫伴孢晶体蛋白防治害虫，已成为近年来生物农药研究领域的热点。这种工程菌可在植物体内定殖，且不引起作物病害症状，具有适应植株内环境，有效克服 Bt 制剂持效期短、对根部和茎部害虫难以有效发挥作用等不足，开创了内生细菌作为杀虫基因载体的先例。

第十章 国内外生物农药登记规定和管理

一、美国生物农药登记管理措施

美国是农药管理制度建立较早的国家之一，也是从事农药管理人员最多的国家。美国农药管理分常规登记和特殊登记两种，其中，常规登记的有效期为5年；特殊登记的有效期为1年。农药登记按使用类型分为：旱地（食品作物和非食品作物）、水田（食品作物和非食品作物）、温室（食品作物和非食品作物）、森林、庭院和室内（卫生用），其需要提供的资料也不同。美国执行资料补偿或成本共同承担原则，对相同产品登记实施资料补偿，一般由企业间协调，但也会进行仲裁裁决，资料拥有者也有权请求EPA撤销其相同产品登记。

美国农药登记分化学农药、生物农药和消毒剂等三大类别评审。生物农药与污染防治处（Biopesticides and Pollution Prevention Division，BPPD）负责生物农药登记。目前它是世界上登记生物农药品种较多的国家之一，其登记的生物农药包括由天然原料制成及风险较低的农药，大致分为：微生物农药、植物源或转基因农药（Plant – Produced Pesticide）、生物化学农药（Biochemical Pesticide）及部分化工产品等4类农药。截至2013年10月已登记注册的生物农药有效成分400种、产品1 250个。部分生物农药有效成分（表10 – 1）。列入生物农药名单中的农药风险都较低，生物农药评审周期仅为一年。只要求生物化学和鉴

定、毒性、环境等登记资料，分阶段评审，如第一阶段试验结果
是阴性，就无需进入下一阶段的测试。

表 10 – 1　美国 EPA 2011 年公布的生物农药新有效成分

有效成分	农药类型	使用范围	申请类型
奥德曼细基格孢 *Ulocladium oudemansii*	杀菌剂	水果、蔬菜、 观赏植物	食品作物、室外
棘孢木霉 *Trichoderma asperellum*	杀菌剂	水果、蔬菜、 观赏植物	食品作物、室外
哈茨木霉 *Trichoderma gamsii*	杀菌剂	水果、蔬菜、 观赏植物	食品作物、室外
哈茨木霉 TH 382 *Trichoderma hamatum TH 382*	杀菌剂	食品作物 & 观赏植物	食品作物、室外
楝树油 *Neem oil，cold pressed*	杀虫剂	蔬菜、浆果、 柑橘、花生等	食品作物、室外
茶树油 Tea Tree oil	杀菌剂	食品作物	食品作物、室外
千里酸熏衣草酯 Lavandulyl senecioate	节肢动物信息素	葡萄	食品作物、室外
李痘病毒 Plum Pox VCP	控制病毒	梅子	食品作物、室外
昆布多糖 Laminarin	杀虫剂	食品作物	食品作物、室外
乙酸钙 Calcium acetate	昆虫引诱剂	小黄蜂 Yellow Jackets	住宅、室外
S- (-) -2-甲基-1- 丁醇 2-Methyl-1-butanol	昆虫引诱剂	小黄蜂	住宅、室外
水杨酸 Salicylic acid	杀细菌/真菌剂	观赏植物，草皮	住宅、室外
脱落酸 Abscisic acid	植物生长调节剂	水果和蔬菜	食品作物、室外
土荆芥（藜属）提取 物（*Chenopodium near ambrosiodae*）	杀虫剂/杀螨剂	食品作物	食品作物、室外
类芸薹素内酯 Homo-brassonolide	植物生长调节剂	食品作物 （包括收获果实）	食品作物、室外

有效成分	农药类型	使用范围	申请类型
有机油 Oregano oil	除草剂	控制室外建筑物苔藓	住宅、室外
蛋白 Cry1 Ab	种子处理杀虫剂	棉花/棉花种子	食品作物、室外
蛋白 Cry 2 Ae	种子处理杀虫剂	棉花/棉花种子	食品作物、室外
雪腐病菌 94671 Typhula phacorrhiza strain 94671	杀菌剂	草坪	住宅、室外
密执安棒状杆菌噬菌体 Bacteriophage of Clavibacter michiganensis	杀菌剂	番茄	食品作物、室外

1. 微生物农药

（1）产品生物学及有关资料。

产品的有效成分及其他组分鉴定和测定、生产工艺、保证避免生物学和化学污染等。

（2）毒理学。

第一阶段：急性经口/致病性、经皮、吸入/致病性、静脉、腹腔注射/致病性、眼刺、过敏性事件报告、细胞培养（对病毒，应不能有侵染或繁殖）；评估指标包括死亡率、体重增减和症状观察，以确保没有致病性、传染或蓄积性。对皮肤过敏性通常可减免，但必须提交过敏性事件报告（包括在生产和使用过程对人畜的即时性和延迟性）。

第二阶段：亚慢/致病性。

第三阶段：繁殖及生育、致癌、免疫缺损、灵长类动物传染病/致病性。

（3）环境毒理。

美国和加拿大采纳分级的试验方法检测对环境的影响，如慢性、繁殖和野外试验，或环境归趋、表达和影响的试验。

第一阶段：鸟经口、吸入、野生哺乳动物毒性/致病性、蜜蜂、淡水鱼类、水生无脊椎动物、入海口和海洋动物、非靶标植物、非靶标昆虫（需对蜜蜂和 3 种捕食性昆虫的毒性/致病性）；如对旱地产品仅需要一种淡水鱼和淡水无脊椎动物的毒性/致病性。

第二阶段：陆地环境、淡水环境、入海口和海洋环境。

第三阶段：陆生和水生生物、鸟慢性致病性和繁殖、水生无脊椎动物分布、鱼类生活周期研究、非靶标植物研究。

第四阶段：模拟实际环境中鸟、哺乳动物、水生生物、捕食性和寄生性昆虫、传粉昆虫的田间试验。

（4）残留。

如在第一阶段毒理学试验证明产品风险低，对食品作物上就无需进行残留试验。

2. 生物化学农药

提供有效成分是天然产物的资料，如是合成的，需提交其结构式、与天然的关系及合成、提取过程，如是从天然源混合物中提取的，要提交生产工艺、原材料性质、测定方法等；有效成分可防治有害生物，并对靶标害虫的防治是非毒杀作用。

（1）生物化学。

产品鉴定、组成，产品化学（包括其杂质）、理化参数等。

（2）毒理学。

第一阶段：急性经口、经皮、吸入、眼刺、皮刺、过敏性、过敏性事件报告、遗传毒性研究（Ames 试验、正向基因突变试验、活体细胞遗传学）、亚慢性（免疫、90 天喂养/28 天经皮或吸入、发育）；可适当增减（如在使用中会大量接触，且有效成分与已知某种诱导剂结构相关，或属同类混合物，则要求进行亚慢毒性；如用于食品作物或与妇女大量接触则要求增加致畸试验），如在亚慢毒性试验中，在正常使用剂量和频率下出现副作用，则要进行第三阶段试验等。

第二阶段：免疫应答。

第三阶段：慢性接触、致癌。

（3）环境毒性。

第一阶段：鸟经口/饲喂、淡水鱼类、水生无脊椎动物、非靶标植物、非靶标昆虫。

第二阶段：挥发性、吸附/解吸、正辛醇/水分配系数、紫外吸收、水解、好氧代谢、厌氧代谢、土壤中光解、水中光解。

第三阶段：陆生野生动物试验、水生动物试验、非靶标植物、非靶标昆虫试验。

如是以高浓度直接施入水体，且不易挥发，则要求进行第一、第二阶段试验，包括在环境中的归宿及其浓度。

二、欧盟生物农药登记管理与规定

欧盟的农药登记分为有效成分和制剂，其中，有效成分（原药）统一在欧盟水平登记，制剂则由各成员国负责登记注册，其登记结果可以相互认可。表 10-2 列出部分登记的生物农药包括 24 种微生物农药，29 种引诱剂、13 种驱避剂、8 种植物源农药。

1. 田间试验

初步作用范围、田间试验、可能导致抗性、被处理作物的产量或被处理农产品的质量、靶标植物/作物药害、不可预计或不希望出现的副作用、总结和评估。应用资料：适用范围、作物、防治对象、试验次数、方法、剂量和时间、环境条件、植物致病性、建议等；另外，还有包装、施药器具的清洗程序、安全间隔期、收获等待期、保护人类和动物主要事项、贮运推荐方法和注意事项，急救措施及破损后消除污染程序等。

2. 毒理学

细菌、真菌：急性经口、经皮、吸入、眼、皮刺激、致敏性、致病性和传染性（如一次剂量不够，需进行不同剂量）；非活性成分毒性、操作接触等；亚慢毒性（90天经口、28天经皮或吸入、致病性和传染性）；补充：慢性毒性（喂养和致癌、致畸、致突变、代谢、如需神经毒性）。

3. 病毒

急性毒性、致敏性、致病性和传染性（用纯化的感染性病毒和以哺乳动物、鸟、鱼类细胞胃培养基进行试验）；亚慢毒性（采用生物测定方法进行传染性试验，最后一次处理至少在7天以上，对供试动物进行适当细胞培养）等。另外，还需要医学资料（生产者的体检、使用者健康记录、公众接触的观察及流行病资料、中毒诊断、过敏性观察、建议处理方法、中毒可能存在的影响预测等）；并对哺乳动物毒性资料进行总结和评估。

4. 残留

对处理作物或产品中有生命活力和无生命活力（如毒素）残留鉴定，有生命活力可通过培养或生物测定，无生命活力需要采用适当技术；活体在作物或品种繁殖的可能性，及对食品质量的影响；如毒素残留在农产品中，则要求提交有关资料；根据上述数据对残留进行总结和评估。如可能，评价工业化和作坊式生产对残留在性质和数量上的影响、评价残留对新鲜产品或加工产品在污染、气味、味道等方面的影响、评价通过饲料摄入或家畜接触而对动物源产品造成的影响、对下茬作物或轮作作物的残留、建议收获前等待期，或在收获后使用的贮存期；建议最大允许残留限量（MRLs）和接受此水平的理由；进行残留总结和评估。

5. 环境

（1）环境行为：在空气、水和土壤中传播、迁移、增值和持续性、食物链中可能的归宿；如产生毒素要求提交有关资料。

（2）环境生态：鸟经口、鱼、蜜蜂（可能）、蚯蚓、靶标生物的主要寄主和捕食者和/或致病性和传染性，蚤、藻、其他有风险的非靶标生物的急性毒性和或/致病性和传染性，对土壤和水生微生物影响；对其他植物和动物群的影响，如有毒素产生，还要求提交有关资料；进行总结和评估。

6. 信息素、植物提取物等

按化学合成农药登记要求，欧盟对转基因植物农药暂不予以登记注册。

三、澳大利亚生物农药登记管理与规定

澳大利亚生物农药是指有效成分来自于活体生物（植物、动物、微生物等）的农用化学品。主要包括微生物农药、生物化学农药、植物农药（植物提取物、精油等）以及其他活体生物，如昆虫、植物、动物及其转基因生物。这基本和美国的登记规定要求相同。

1. 产品生物学

产品生物学主要是指产品的有效成分及其他组分鉴定和测定、发酵生产工艺、不存在杂菌，污染的化学物和毒素的试验、生物体的历史记载和及其生命周期和生长特点、贮存稳定性等。

2. 毒理学

产品的活性成分不能是已知的人或其他哺乳动物的致病菌，且不含致病菌或其变种。

第一阶段：

微生物母药：急性经口、经皮、吸入/传染性、静脉（细菌和病毒）、腹腔注射（真菌和原生动物）、眼刺激/传染性、皮刺激、过敏性、提取物的遗传毒性。

制剂：急性经口、经皮、吸入/传染性、眼刺激/传染性、皮刺激、过敏性；

其他活体生物：线虫和其他寄生微生物：

母药：急性经口、经皮、吸入/传染性、眼刺激/传染性、过敏性；昆虫/肉眼可见的寄生物、植物和动物：通常这类产品的毒理学资料可申请减免。但对于特殊产品需要提供毒理学资料进行风险评价。（根据毒素产生情况、传染性症状或它不寻常的持久性可考虑补充如下资料）

第二阶段：亚慢、发育、生殖、免疫毒性（病毒）、遗传毒性。

第三阶段：代谢、动力学。对于微生物和其他活体生物类农药产品，一般情况下不涉及产品动力学和代谢研究，除非此类生物产生对哺乳动物有毒的物质。若它产生或可能会产生毒素或有毒的代谢产物，那么其鉴定代谢物，如能分离出来，需对毒素或有毒代谢产物的资料应按要求提交全部资料。

3. 环境毒性

微生物的纯度、均一性和菌株的稳定性、生物种群动态（包括其生活史和适宜生活习性和条件等信息）、对靶标生物的作用方式（如苏云金杆菌会破坏生物内脏组织，引起败血病）、在释放到环境时，在小生境下或寄主上生存的能力、对非靶标生物的致病性和传染性、对破坏自然生态系统动态平衡及造成不利影响的直接或间接潜在风险、具有污染性生物体而造成环境影响、对非靶标生物的过敏性反应、具有潜在造成局部组织损伤的潜能。

需提交与环境归趋和对靶标生物的影响，接触可能造成的不利影响、相关生物物种的特异性，可申请减免有关资料：如在特定条件下被接触而不能生存或已知除靶标生物物种具有，应附上其登记情况和境外环境安全性评价等信息。

需提交产品的施用剂量、施用方法、使用区域、在空气、水和土壤中的传播、迁移、繁殖和生存情况、具有侵染或造成非靶标生物病害的能力、明确在陆地、淡水、海洋或河口条件下存活能力及在食物链中的行为。

说明非靶标生物的致病性/侵染性，及导致产生潜在的原因，评价对重要生物种群（如濒临灭绝的野生动植物或植物）或自然生态系统造成的直接或间接的不利影响的可能性。根据产品接触的途径和模式，要求提交的环境毒性。

哺乳动物、鸟、野生脊椎动物、鱼、藻、淡水水生无脊椎动物（如蚤）、蜜蜂、蚯蚓和其他土壤无脊椎动物、土壤微生物、海洋和河口生物、寄生物和对靶标捕食性天敌的毒性/致病性或侵染性；植物（药害）和侵染性/致病性。如对环境造成重大影响，还需进行亚急性、慢性毒性试验和短期试验。

根据产品接触可能对环境有重要作用的野生动植物、种群或生态系统，或在商业上有重要意义的生物物种或系统有不利影响，则要对生物群落的影响进行特定试验。

4. 残留

一般不需要提供残留资料，但应提出减免的数据和理由。国家农药和兽药管理局（APVMA）根据减免申请进行个案处理。包括：残留不能也不应发生在食品或动物饲料上；或残留产物与天然食品的成分相同或无法区分；或被毒理学认为是无关紧要，不需要提供 MRL 值。如其他国家有 MRL 数据或最大允许值，应在申请登记时提供此信息。

5. 药效与安全

对于所有微生物产品的和其他活体生物产品都应提供药效资

料。由于它们在生物学上的差异和其他因素导致制剂产品的药效存在显著差异。所以，在没有制剂产品登记申请的情况下，将不受理微生物母药的登记。资料要求：产品特性、室内活性测定（若相关）、剂量筛选试验、境内田间试验（至少2个生长季及至少在具有代表性区域的2个药效试验报告），抗药性信息及限制条件、与化学农药产品的兼容性（如合适）、已被证实具有诱导基因突变的化学农药不应与生物制剂产品混合使用、与有害生物综合治理及有机农业体系的兼容性（如相关）、对不希望发生或意识不到的副作用（如对有益生物或其他非靶标生物的影响）进行观察。后茬作物、其他植物或经处理、用作繁殖体的植物部分（如种子、插条、匍匐茎）。药害研究（对非靶标作物和其他植物的药害、对动物的安全性）。

四、中国内地生物农药现行登记规定与管理

目前，中国登记注册生物农药有效成分近100种、产品3 000个。生产抗生素企业1 700多家，植物源农药、生物化学农药和微生物农药的企业200多家。生物农药产品约占登记农药总数的11%～13%；抗生素产品约占生物农药总数的70%；年产量1.2×10^5 t，防治面积$2.67 \times 10^7 \mathrm{hm}^2$；生物农药仅占农药市场份额的5%。我国生物农药的登记评审制定了相应的优惠政策。

逐年加大对生物农药的扶持力度，正在成为新登记管理办法改革的一个发展方向。

依据中国农业部农药检定所2009年实施的《农药登记管理条例》（以下简称《条例》），生物农药登记规定与化学农药大致相同，田间药效试验两年4地或5地，一般在母药与制剂提供要求的相应资料后，临时登记审批时间3月、正式登记审批时间一年。完成生物农药的登记时间至少2～3年。临时登记需要每年

续展登记。正式登记5年后需要续展登记。植物源新农药制剂登记要求资料详见表10-2；微生物新农药登记资料要求详见表10-3；生化农药原药和制剂的登记资料要求详见表10-4和表10-5。

表10-2 植物源新农药制剂登记资料要求一览表

	田间试验	临时登记	正式登记
产品化学资料	产品化学摘要资料：包括有效成分、原药、制剂	同一般新农药制剂	同一般新农药制剂
药效资料	作用方式、作用谱、作用机理或作用机理预测分析等；室内活性测定报告、混配目的和配方筛选（对混配制剂）、试验场所、防治对象、施药方法及注意事项等	室内活性测定试验报告；对当茬实验作物的室内安全性实验报告；2年多地田间药效实验报告。农药田间试验批准证书（复印件）；其他（作用方式等，同田间试验）	1年2地示范试验报告；临时登记期间产品的使用情况综合报告
毒理学资料	毒理学摘要资料（包括原药、制剂）	6项急性毒性试验	同临时登记阶段要求
环境资料	在其他国家或地区已有的环境影响资料摘要	鸟类急性经口毒性、鱼类急性毒性、水蚤急性毒性试验、藻类急性毒性试验；蜜蜂急性经口毒性、蜜蜂急性接触毒性试验、家蚕急性毒性试验、土壤降解和土壤吸附试验（缓慢释放的农药剂型）	同临时登记阶段要求
残留资料	其他国家资料摘要	两年多地或申请评审会讨论决定	同临时登记阶段要求
其他资料	田间试验申请表、国内外登记情况等资料或综合查询报告等	临时登记申请表、产品摘要资料、产品安全数据单（MSDS）、标签、其他	同临时登记阶段要求

表 10 - 3　微生物农药新农药制剂登记资料要求一览表

	田间试验	临时登记	正式登记
产品化学资料	产品化学摘要资料：包括有效成分、原药、制剂	有效成分生物学特征、原药基本信息、产品组成、加工方法、产品质量控制项目及其指标；与产品质量控制项目相对应的检测方法和方法确认；控制项目及其指标确定的说明、产品质量检测与方法验证报告（国家级）；生产工艺；包装、运输和贮存注意事项及安全警示、验收期等	除临时阶段要求外，还应当提供 3 批次以上常温贮存稳定性报告
药效资料	作用方式、作用谱、作用机理或作用机理预测分析等；室内活性测定报告、混配目的和配方筛选（对混配制剂）、试验场所、防治对象、施药方法及注意事项等	室内活性测定试验报告；2 年 4 ~ 5 地田间药效实验报告；农药田间试验批准证书（复印件）；其他（作用方式等，同田间试验）	1 年 2 地示范试验报告；临时登记期间产品的使用情况综合报告
毒理学资料	毒理学摘要资料（包括原药、制剂）	确认有效成分不是人或其他哺乳动物的已知病原体的证明资料；急性经口、经皮、吸入毒性及眼睛/皮肤刺激性、皮肤致敏性等 6 项试验	除临时登记阶段要求外，还应提供资料确认微生物农药制剂不含作为污染物或突变子存在的病原体
残留资料		根据临时登记评委会决定是否提供	同临时登记阶段要求
环境资料	在其他国家或地区已有的环境影响资料摘要	鸟类急性经口毒性、鱼类急性毒性、蜜蜂急性经口毒性、家蚕急性毒性试验	同临时登记阶段要求
其他资料	田间试验申请表、国内外登记情况等资料或综合查询报告等	临时登记申请表、产品摘要资料、产品安全数据单（MSDS）、标签、其他	同临时登记阶段要求

表 10 - 4　生物化学新原药登记资料要求一览表

	临时登记	正式登记
产品化学资料	同一般新农药原药	同一般新农药原药
毒理学资料	基础毒理学资料：急性毒性 6 项试验。如基础毒性高度或剧毒，需补充资料	同临时登记阶段要求
环境行为、环境毒理资料	鱼类急性毒性、蜜蜂急性经口毒性、蜜蜂急性接触毒性试验、家蚕急性毒性试验、水蚤急性毒性试验、藻类急性毒性试验	同临时登记阶段要求。原药对非靶标生物为高毒的，应当提供相关环境行为实验报告
其他资料	产品安全数据单（MSDS）、标签、临时登记申请表、产品摘要资料、在其他国家或地区已有的毒理学、环境影响试验和登记情况资料或综合查询报告等	同临时登记阶段要求

表 10 - 5　生物化学新农药制剂登记资料要求一览表

	田间试验	临时登记	正式登记
产品化学资料	产品化学摘要资料：包括有效成分、原药、制剂	同一般新农药制剂	同一般新农药制剂
药效资料	作用方式、作用谱、作用机理或作用机理预测分析等；室内活性测定报告、混配目的和配方筛选（对混配制剂）、试验场所、防治对象、施药方法及注意事项等	室内活性测定试验报告；对当茬实验作物的室内安全性实验报告；2 年多地田间药效实验报告。农药田间试验批准证书（复印件）；其他（作用方式等，同田间试验）	1 年 2 地示范试验报告；临时登记期间产品的使用情况综合报告
毒理学资料	毒理学摘要资料（包括原药、制剂）	6 项急性毒性试验	同临时登记阶段要求
残留资料		根据临时登记评委会已经决定是否提供	同临时登记阶段要求

续表

	田间试验	临时登记	正式登记
环境资料	在其他国家或地区已有的环境影响资料摘要	家蚕急性毒性试验（可根据情况减免）	同临时登记阶段要求
其他资料	田间试验申请表、国内外登记情况等资料或综合查询报告等	临时登记申请表、产品摘要资料、产品安全数据单（MSDS）、标签、其他	同临时登记阶段要求

五、中国台湾地区生物农药登记规定与管理

中国台湾地区农药按产品结构分有机、无机、生物农药三大类，按用途分食品和非食品作物两类。在申请登记时需要资料也有所不同。台湾地区田间试验包括药效试验、药害试验和残留试验。台湾地区生物农药包括天然素材农药（经脱水、干燥、压榨、磨粉、制粒等物理加工程序制成，不是以化学方法合成的农药）；微生物农药（指用于作物病原、害虫、杂草防治或诱发作物抗性细菌、真菌、病毒和原生动物微生物。一般由自然界分离所得，也可人为诱变、汰选或基因改造等）；生化农药（天然产物经化学方法精制，其防治方法不会直接毒杀有害生物者，如用化学合成，其结构必须要和天然产物相同或作用机制相同之异构物）。

在登记政策上，产业优惠及辅导策略，目前有产业奖励办法、生技新药发展条例等措施；放宽生物农药企业和产品注册登记：只要符合环保要求，即能在短期内取得生产许可证，并进行产品登记，比化学农药省时，毒理学只要急性经口和吸入；取缔假有机农产品：从 2009 年 8 月 1 日起，凡标榜"有机"农产品，若不合格，将进行处罚；加强产销履历制度：从作物栽培到采收，要翔实记录。这将减少化学农药的滥用，促进生物农药的推

广。目前，中国台湾地区免检残留容许量的农药种类参见表10－6。

表10－6　台湾地区免检残留容許量的农药名单

农药名称	通用名称	农药名称	通用名称
印楝素	Azadirachtin	癸醇	n-Decanol
枯草芽孢杆菌	*Bacillus subtilis*	土霉素	Oxytetracycline
苏云金芽孢杆菌	*Bacillus thuringiensis*	矿物油	Petroleum Oils
灭瘟素	Blasticidin-S	石灰／硫磺	Lime & Sulfur
碳酸钙	Calcium Carbonate	a-萘乙酸钠	NAA, sodium salt
松香酯酮	CITCOP	甜菜叶蛾信息素	Sex pheromone of *Spodoptera exiqua*
乙醇胺酮	Copper Chelate	斜纹夜蛾信息素	Sex pheromone of *Spodoptera litura*
碱式氯氧化铜	Copper Oxychloride	硝基苯酚钠	Sodium Nitrophenol
硫酸铜	Copper Sulfate	链霉素	Streptomycin
氢氧化铜	Cupric Hydroxide	硫黄	Sulfur
氧化亚铜	Cuprous Oxide	四环素	Tetracycline
细胞分裂素	Cytokinins	三元硫酸铜	Tribasic Copper Sulfate
脂肪醇	Fatty alcohols	井冈霉素	Validamycin A
吲哚丁酸	IBA	多抗霉素	Polyoxins
		核黄素	Riboflavin

参考文献

[1] 美国 EPA , Code of Federal Regulations.

[2] 欧盟 OECD Biological Pesticides Registration 澳大利亚 AUSTRALIAN PESTICIDES AND VETERINARY MEDICINES AUTHORITY, GUIDE-LINES FOR THE REGISTRATION OF BIOLOGICAL AGRICULTURAL PRODUCTS, 2005, 1.

[3] 中国农业部农药检定所. 农药登记资料规定应用手册[M]. 北京: 中国农业出版社, 2009, 10.

[4] 吴文君, 高希武. 生物农药及其应用 [M]. 北京: 化学工业出版社, 2004.

[5] 台湾农药理化性及毒理试验准则, 2008.

[6] 陈良荣. 台湾生物农药的发展与应用. 中国国际农用化学品高峰论坛（CAC 峰会）, 2010.

附　录
（摘自中国农药网）

1. 植物源农药：生产厂家132个，登记原药13种，登记产品195种（截至2014年6月）						
生产厂家	登记证号	登记名称	总含量	制剂	有效起始日	有效截至日
北京亚戈农生物医药有限公司	PD20101265	桉油精	70%	母药	2010.03.05	2015.03.05
北京亚戈农生物医药有限公司	PD20101270	桉油精	5%	可溶液剂	2010.03.05	2015.03.05
广西钦州谷虫净总厂	PD20080520	溴氰·八角油	0.042%	微粒剂	2013.04.29	2018.04.29
北京三浦百草绿色植物制剂公司	WP20080417	杀虫喷射剂	0.1%	喷射剂	2013.12.12	2018.12.12
四川新朝阳邦威生物科技有限公司	WP20090170	杀虫气雾剂	0.30%	气雾剂	2014.03.09	2019.03.09
四川新朝阳邦威生物科技有限公司	WP20090272	电热蚊香片	15毫克/片	电热蚊香片	2014.05.18	2019.05.18
四川新朝阳邦威生物科技有限公司	WP20090281	蚊香	0.25%	蚊香	2014.06.02	2019.06.02
云南南宝生物科技有限责任公司	PD20092509	除虫菊素	70%	原药	2014.02.26	2019.02.26
云南创森实业有限公司	PD20092513	除虫菊素	70%	原药	2014.02.26	2019.02.26
云南创森实业有限公司	PD20095107	除虫菊素	5%	乳油	2014.04.24	2019.04.24
云南南宝生物科技有限责任公司	PD20098425	除虫菊素	1.5%	水乳剂	2009.12.24	2014.12.24
内蒙古清源保生物科技有限公司	PD20121952	除虫菊素	1.5%	水乳剂	2012.12.12	2017.12.12
云南南宝生物科技有限责任公司	WL20110086	杀虫气雾剂	0.6%	气雾剂	2013.07.07	2014.07.07

1. 植物源农药：生产厂家132个，登记原药13种，登记产品195种（截至2014年6月）

生产厂家	登记证号	登记名称	总含量	制剂	有效起始日	有效截至日
广州超威日用化学用品有限公司	WL20120011	杀虫气雾剂	0.6%	气雾剂	2014.02.09	2015.02.09
云南南宝生物科技有限责任公司	WL20130004	除虫菊素	1.8%	热雾剂	2014.01.04	2015.01.04
云南南宝生物科技有限责任公司	WL20130023	除虫菊素	0.1%	驱蚊乳	2014.05.07	2015.05.07
云南中植生物科技开发有限责任公司	WP20080074	除虫菊素	60%	原药	2013.05.27	2018.05.27
云南中植生物科技开发有限责任公司	WP20080075	杀虫气雾剂	0.2%	气雾剂	2013.05.27	2018.05.27
云南南宝生物科技有限责任公司	WP20110080	除虫菊素	1.5%	水乳剂	2011.03.31	2016.03.31
云南省玉溪安安绿色气雾剂有限公司	WP20110111	电热蚊香片	40毫克/片	电热蚊香片	2011.04.29	2016.04.29
云南南宝生物科技有限责任公司	WP20120248	杀虫气雾剂	0.9%	气雾剂	2012.12.19	2017.12.19
澳大利亚天然除虫菊公司	WP20130001	除虫菊素	50%	母药	2013.01.04	2018.01.04
内蒙古清源保生物科技有限公司	LS20130365	大黄素甲醚	0.1%	水剂	2013.07.05	2015.07.05
内蒙古清源保生物科技有限公司	PD20130369	大黄素甲醚	0.5%	水剂	2013.03.11	2018.03.11
内蒙古清源保生物科技有限公司	PD20130370	大黄素甲醚	8.5%	母药	2013.03.11	2018.03.11
山西德威生化有限责任公司	LS20120002	苦参碱	1.3%	水剂	2014.01.05	2015.01.05
河北万特生物化学有限公司	LS20120331	苦参碱	1.3%	水剂	2013.09.28	2014.09.28
陕西恒田化工有限公司	LS20130383	苦参碱	5%	水剂	2013.07.29	2014.07.29
陕西康禾立丰生物科技药业有限公司	LS20140107	苦参·藜芦碱	0.6%	水剂	2014.03.07	2015.03.07

1. 植物源农药：生产厂家132个，登记原药13种，登记产品195种（截至2014年6月）

生产厂家	登记证号	登记名称	总含量	制剂	有效起始日	有效截至日
内蒙古帅旗生物科技股份有限公司	PD20100678	烟碱·苦参碱	1.2%	乳油	2010.01.15	2015.01.15
内蒙古帅旗生物科技股份有限公司	PD20100679	苦参碱	5%	母药	2010.01.15	2015.01.15
江苏省南通神雨绿色药业有限公司	PD20101207	苦参碱	5%	母药	2010.02.21	2015.02.21
重庆东方农药有限公司	PD20101216	烟碱·苦参碱	0.5%	水剂	2010.02.21	2015.02.21
山西安顺生物科技有限公司	PD20101227	苦参碱	0.3%	水剂	2010.03.01	2015.03.01
河北阔达生物制品有限公司	PD20101233	苦参碱	0.3%	水剂	2010.03.01	2015.03.01
上海易施特农药(郑州)有限公司	PD20101234	苦参碱	0.3%	水剂	2010.03.01	2015.03.01
山东美罗福农化有限公司	PD20101239	苦参碱	0.3%	水剂	2010.03.01	2015.03.01
河北省农药化工有限公司	PD20101244	苦参碱	0.3%	水剂	2010.03.01	2015.03.01
江苏省南通神雨绿色药业有限公司	PD20101283	苦参碱	0.5%	水剂	2010.03.12	2015.03.12
江苏嘉隆化工有限公司	PD20101298	苦参碱	0.3%	水乳剂	2010.03.10	2015.03.10
五家渠农家乐和生物科技有限公司	PD20101319	苦参碱	0.3%	水剂	2010.03.17	2015.03.17
山东成武县有机化工厂	PD20101370	苦参·硫磺	13.7%	水剂	2010.04.02	2015.04.02
河北馥稷生物科技有限公司	PD20101371	苦参碱	0.3%	乳油	2010.04.02	2015.04.02
河北海虹生化有限公司	PD20101385	苦参碱	0.4%	可溶液剂	2010.04.14	2015.04.14
山西德威生化有限责任公司	PD20101419	苦参碱	0.3%	水剂	2010.04.26	2015.04.26

续表

1. 植物源农药：生产厂家132个，登记原药13种，登记产品195种（截至2014年6月）						
生产厂家	登记证号	登记名称	总含量	制剂	有效起始日	有效截至日
福建新农大正生物工程有限公司	PD20101435	苦参碱	0.3%	水剂	2010.05.04	2015.05.04
北京富力特农业科技有限责任公司	PD20101455	苦参碱	0.3%	水剂	2010.05.04	2015.05.04
开封大地农化生物科技有限公司	PD20101469	苦参碱	1%	可溶液剂	2010.05.04	2015.05.04
河北阔达生物制品有限公司	PD20101507	苦参碱	0.3%	水剂	2010.05.10	2015.05.10
山东兖州新天地农药有限公司	PD20101509	苦参碱	0.3%	水剂	2010.05.10	2015.05.10
山西稼穑丰农业科技开发有限公司	PD20101513	苦参碱	0.3%	水剂	2010.05.10	2015.05.10
山东省潍坊鸿汇化工有限公司	PD20101514	苦参碱	0.3%	水剂	2010.05.10	2015.05.10
江苏万农化工有限公司	PD20101530	苦参碱	0.3%	水剂	2010.05.19	2015.05.19
北京绿土地生化制剂有限公司	PD20101596	苦参碱	0.3%	水剂	2010.06.03	2015.06.03
山西广大化工有限公司	PD20101681	苦参碱	0.3%	可溶液剂	2010.06.08	2015.06.08
河北馥稷生物科技有限公司	PD20120012	苦参碱	0.3%	水剂	2012.01.05	2017.01.05
山东百士威农药有限公司	PD20120115	苦参碱	0.3%	水剂	2012.01.29	2017.01.29
河北省保定市亚达化工有限公司	PD20120626	苦参碱	0.5%	水剂	2012.05.22	2017.05.22
姜堰市兴农生物工程有限公司	PD20120938	苦参碱	0.3%	水剂	2012.06.04	2017.06.04
内蒙古清源保生物科技有限公司	PD20121089	苦参碱	5%	母药	2012.07.19	2017.07.19
河北欣田生化工程有限公司	PD20121361	苦参碱	0.3%	可溶液剂	2012.09.13	2017.09.13

1. 植物源农药：生产厂家 132 个，登记原药 13 种，登记产品 195 种（截至 2014 年 6 月）

生产厂家	登记证号	登记名称	总含量	制剂	有效起始日	有效截至日
天津市恒源伟业生物科技发展有限公司	PD20121488	苦参碱	1.3%	水剂	2012.10.09	2017.10.09
内蒙古清源保生物科技有限公司	PD20121727	苦参碱	0.6%	水剂	2012.11.08	2017.11.08
天津市恒源伟业生物科技发展有限公司	PD20121750	苦参碱	2%	水剂	2012.11.15	2017.11.15
运城绿齐农药有限公司	PD20130180	苦参碱	0.3%	水剂	2013.01.24	2018.01.24
黑龙江省平山林业制药厂	PD20130258	烟碱·苦参碱	3.6%	微囊悬浮剂	2013.02.06	2018.02.06
陕西康禾立丰生物科技药业有限公司	PD20130428	苦参碱	0.5%	水剂	2013.03.18	2018.03.18
内蒙古帅旗生物科技股份有限公司	PD20130430	苦参碱	1.5%	可溶液剂	2013.03.18	2018.03.18
河北省沧州正兴生物农药有限公司	PD20131203	苦参碱	0.5%	水剂	2013.05.27	2018.05.27
江苏省南通功成精细化工有限公司	PD20131467	苦参碱	1%	水剂	2013.07.05	2018.07.05
黑龙江省平山林业制药厂	PD20131568	苦参碱	1.2%	烟剂	2013.07.23	2018.07.23
宁夏亚乐农业科技有限责任公司	PD20132477	苦参碱	0.3%	水剂	2013.12.09	2018.12.09
河北沃德丰药业有限公司	PD20132689	苦参碱	0.3%	水剂	2013.12.25	2018.12.25
成都新朝阳作物科学有限公司	PD20132710	苦参碱	1.5%	可溶液剂	2013.12.30	2018.12.30
韩国生物株式会社	PD20132711	苦参碱	0.5%	可溶液剂	2013.12.30	2018.12.30
湖南惠农生物工程有限公司	PD20140021	苦参碱	1%	可溶液剂	2014.01.02	2019.01.02
湖南惠农生物工程有限公司	PD20140025	苦参碱	0.3%	可溶液剂	2014.01.02	2019.01.02

1. 植物源农药：生产厂家132个，登记原药13种，登记产品195种（截至2014年6月）						
生产厂家	登记证号	登记名称	总含量	制剂	有效起始日	有效截至日
黑龙江企达农药开发有限公司	PD20140085	苦参碱	0.3%	水剂	2014.01.20	2019.01.20
天津市恒源伟业生物科技发展有限公司	PD20140188	苦参碱	5%	水剂	2014.01.29	2019.01.29
河北华灵农药有限公司	PD20140426	苦参碱	1.3%	水剂	2014.02.24	2019.02.24
丽水市绿谷生物药业有限公司	PD20140550	苦参碱	0.3%	水剂	2014.03.06	2019.03.06
河北赛瑞德化工有限公司	PD20140710	苦参碱	0.5%	水剂	2014.03.24	2019.03.24
广东田园生物工程有限公司	PD20141033	苦参碱	0.3%	水剂	2014.04.21	2019.04.21
海南侨华农药厂有限公司	PD20141080	苦参碱	0.3%	水剂	2014.04.27	2019.04.27
广东田园生物工程有限公司	PD20141103	苦参碱	1%	可溶液剂	2014.04.27	2019.04.27
山东乡村生物科技有限公司	PD20141143	苦参碱	0.3%	水剂	2014.24.28	2019.24.28
河北省沧州正兴生物农药有限公司	PD20141224	苦参碱	1.3%	水剂	2014.05.06	2019.05.06
河北省新乡市东风化工厂	PD20101574	苦皮藤素	1%	乳油	2010.06.01	2015.06.01
河北省新乡市东风化工厂	PD20101575	苦皮藤素	6%	母药	2010.06.01	2015.06.01
山西绿盾生物制品有限责任公司	PD20132009	苦皮藤素	0.2%	水乳剂	2013.10.21	2018.10.21
成都新朝阳作物科学有限公司	PD20132487	苦皮藤素	1%	水乳剂	2013.12.09	2018.12.09
甘肃国力生物科技开发有限公司	PD20120876	狼毒素	9.5%	母药	2012.05.24	2017.05.24
甘肃国力生物科技开发有限公司	PD20120877	狼毒素	1.6%	水乳剂	2012.05.24	2017.05.24

续表

生产厂家	登记证号	登记名称	总含量	制剂	有效起始日	有效截至日
内蒙古清源保生物科技有限公司	PD20101866	苦参碱	0.3%	水剂	2010.08.04	2015.08.04
陕西省西安嘉科农化有限公司	PD20101921	苦参碱	0.30%	水剂	2010.08.27	2015.08.27
北京亚戈农生物医药有限公司	PD20102013	苦参碱	0.5%	可溶液剂	2010.09.25	2015.09.25
大连贯发药业有限公司	PD20102038	苦参碱	0.3%	水剂	2010.10.19	2015.10.19
北京三浦百草绿色植物制剂有限公司	PD20102071	苦参碱	5%	母药	2010.11.03	2015.11.03
赤峰中农大生化科技有限责任公司	PD20102100	苦参碱	1%	可溶液剂	2010.11.30	2015.11.30
山东省乳山韩威生物科技有限公司	PD20102101	苦参碱	0.3%	水剂	2010.11.30	2015.11.30
北京三浦百草绿色植物制剂有限公司	PD20110058	苦参碱	0.5%	水剂	2011.01.11	2016.01.11
河南省安阳市五星农药厂	PD20110085	烟碱·苦参碱	0.6%	乳油	2011.01.21	2016.01.21
陕西国丰化工有限公司	PD20110116	苦参碱	0.3%	水剂	2011.01.26	2016.01.26
江西省高安金龙生物科技有限公司	PD20110310	苦参碱	0.3%	水剂	2011.03.22	2016.03.22
云南光明印楝产业开发股份有限公司	PD20110336	苦参·印楝素	1%	乳油	2011.03.31	2016.03.31
山东戴盟得生物科技有限公司	PD20110345	苦参碱	0.3%	可溶液剂	2011.03.24	2016.03.24
北京三浦百草绿色植物制剂有限公司	PD20110546	苦参碱	0.3%	水剂	2011.05.12	2016.05.12
赤峰中农大生化科技有限责任公司	PD20110637	苦参碱	10%	母药	2011.06.13	2016.06.13
山东百纳生物科技有限公司	PE20110748	苦参碱	0.3%	水剂	2011.07.25	2016.07.25

1. 植物源农药：生产厂家132个，登记原药13种，登记产品195种（截至2014年6月）

現代生物农药100问

续表

1. 植物源农药: 生产厂家132个, 登记原药13种, 登记产品195种 (截至2014年6月)						
生产厂家	登记证号	登记名称	总含量	制剂	有效起始日	有效截至日
辽宁省沈阳东大迪克化工药业有限公司	PD20111133	苦参碱	1%	可溶液剂	2011.11.03	2016.11.03
山东兴禾作物科学技术有限公司	PD20120002	苦参碱	0.5%	水剂	2012.01.05	2017.01.05
科伯特（大连）生物制品有限公司	PD20110170	丁子·香芹酚	2.1%	水剂	2011.02.14	2016.02.14
兰州世创生物科技有限公司	PD20140941	香芹酚	5%	水剂	2014.04.14	2019.04.14
浙江华京生物科技开发有限公司	PD20132004	小檗碱	0.5%	水剂	2013.10.11	2018.10.11
内蒙古帅旗生物科技股份有限公司	PD20100678	烟碱·苦参碱	1.2%	乳油	2010.01.15	2015.01.15
内蒙古帅旗生物科技股份有限公司	PD20100680	烟碱	90%	原药	2010.01.15	2015.01.15
重庆东方农药有限公司	PD20101216	烟碱·苦参碱	0.5%	水剂	2010.02.21	2015.02.21
广西壮族自治区化工研究院	PD20101431	氯氰·烟碱	4%	水乳剂	2010.05.04	2015.05.04
河南省安阳市五星农药厂	PD20110085	烟碱·苦参碱	0.6%	乳油	2011.01.21	2016.01.21
云南海通生物科技有限公司	PD20110974	烟碱	10%	乳油	2011.09.14	2016.09.14
黑龙江省平山林业制药厂	PD20130258	烟碱·苦参碱	3.6%	微囊悬浮剂	2013.02.06	2018.02.06
黑龙江省平山林业制药厂	PD20131568	烟碱·苦参碱	1.2%	烟剂	2013.07.23	2018.07.23
江苏无锡开立达实业有限公司	PD20090003	雷公藤甲素	0.01%	母药	2014.01.04	2019.01.04
江苏无锡开立达实业有限公司	PD20090004	雷公藤甲素	0.25%	颗粒剂	2014.01.04	2019.01.04
陕西康禾立丰生物科技药业有限公司	LS20140107	苦参·藜芦碱	0.6%	水剂	2014.03.17	2015.03.17

152

续表

1. 植物源农药：生产厂家132个，登记原药13种，登记产品195种（截至2014年6月）						
生产厂家	登记证号	登记名称	总含量	制剂	有效起始日	有效截至日
河北馥稷生物科技有限公司	PD20102064	藜芦碱	1%	母药	2010.11.10	2015.11.10
河北馥稷生物科技有限公司	PD20102081	藜芦碱	0.5%	可溶液剂	2010.11.10	2015.11.10
河北省邯郸市建华植物农药厂	PD20110125	藜芦碱	0.5%	可溶液剂	2011.01.27	2016.01.27
山东聊城赛德农药有限公司	PD20110626	藜芦碱	0.5%	可溶液剂	2011.06.08	2016.06.08
陕西康禾立丰生物科技药业有限公司	PD20130485	藜芦碱	0.5%	可溶液剂	2013.03.20	2018.03.20
成都新朝阳作物科学有限公司	PD20131807	藜芦碱	0.5%	可溶液剂	2013.09.16	2018.09.16
河北省保定市亚达化工有限公司	LS20140092	蛇床子素	0.4%	可溶液剂	2014.03.14	2015.03.14
江苏省溧阳中南化工有限公司	LS20140106	井冈·蛇床素	12%	水剂	2014.03.17	2015.03.17
湖北省武汉天惠生物工程有限公司	PD20121347	蛇床子素	10%	母药	2012.09.13	2017.09.13
湖北省武汉天惠生物工程有限公司	PD20121348	蛇床子素	0.4%	乳油	2012.09.13	2017.09.13
江苏省苏科农化有限责任公司	PD20121586	蛇床子素	1%	水乳剂	2012.10.25	2017.10.25
山东省青岛泰生生物科技有限公司	PD20121586F 130064	蛇床子素	1%	水乳剂	2013.11.18	2014.11.18
江苏省溧阳中南化工有限公司	PD20131868	井冈·蛇床素	6%	可湿性粉剂	2013.09.25	2018.09.25
安徽省合肥福瑞德生物化工厂	PD20141075	蛇床子素	1%	水乳剂	2014.04.25	2019.04.25
上海金鹿化工有限公司	WP20100006	防蛀片剂	96%	片剂	2010.01.05	2015.01.05
常州市闽江防蛀用品有限公司	WP20100023	防蛀片剂	96%	防蛀片剂	2010.01.16	2015.01.16

生产厂家	登记证号	登记名称	总含量	制剂	有效起始日	有效截至日
广东省台州市日用化工厂	WP20100026	防蛀片剂	94%	防蛀片剂	2010.01.19	2015.01.19
上海金鹿化工有限公司	WP20100030	樟脑	98%	原药	2010.01.21	2015.01.21
中山富士化工有限公司	WP20100032	防蛀片剂	94%	球剂	2010.01.25	2015.01.25
苏州东沙合成化工有限公司	WP20100033	樟脑	94%	防蛀球剂	2010.01.25	2015.01.25
苏州东沙合成化工有限公司	WP20100034	防蛀片剂	96%	原药	2010.01.28	2015.01.28
江苏雪豹日化有限公司	WP20100048	防蛀片剂	94%	球剂	2010.03.10	2015.03.10
福建青松股份有限公司	WP20110016	樟脑	96%	原药	2011.01.11	2016.01.11
上海悦家清洁用品有限公司	WP20110024	防蛀片剂	94%	片剂	2011.01.24	2016.01.24
江苏省苏州诗妍生物日化有限公司	WP20110072	防蛀片剂	94%	防蛀片剂	2011.03.24	2016.03.24
四川省成都彩虹电器（集团）股份有限公司	WP20110102	防蛀片剂	94%	防蛀片剂	2011.04.22	2016.04.22
江苏省无锡联华日用科技有限公司	WP20110193	防蛀片剂	94%	片剂	2011.08.22	2016.08.22
广东省东莞市万江万宝日用制品厂	WP20110201	防蛀片剂	94%	片剂	2011.09.07	2016.09.07
福建省花仙子（厦门）日用化学品有限公司	WP20110269	防蛀片剂	96%	防蛀片剂	2011.12.14	2016.12.14
山东省济南孺子牛实业有限公司	WP20120103	防蛀片剂	94%	球剂	2012.06.04	2017.06.04
江苏省无锡市锡西日用品有限公司	WP20120121	防蛀片剂	96%	球剂	2012.06.21	2017.06.21

Note: 1. 植物源农药：生产厂家132个，登记原药13种，登记产品195种（截至2014年6月）

1. 植物源农药：生产厂家 132 个，登记原药 13 种，登记产品 195 种（截至 2014 年 6 月）						
生产厂家	登记证号	登记名称	总含量	制剂	有效起始日	有效截至日
江西省吉安市东庆精细化工有限公司	WP20120238	防蛀片剂	96%	片剂	2012.12.12	2017.12.12
河南鹤壁陶英陶生物科技有限公司	PD20110147	印楝素	0.7%	乳油	2011.02.10	2016.02.10
云南光明印楝产业开发古人有限公司	PD20110336	苦参·印楝素	1%	乳油	2011.03.31	2016.03.31
云南光明印楝产业开发古人有限公司	PD20110360	印楝素	0.5%	乳油	2011.03.31	2016.03.31
辽宁省沈阳东大迪克化工药业有限公司	PD20120804	印楝素	0.3%	乳油	2012.05.17	2017.05.17
九康生物科技发展有限责任公司	PD20130175	印楝素	0.6%	乳油	2013.01.24	2018.01.24
山东惠民中农作物保护有限责任公司	PD20130868	印楝素	0.5%	乳油	2013.04.22	2018.04.22
湖北蕲农化工有限公司	PD20131636	印楝素	0.3%	乳油	2013.07.30	2018.07.30
山东省乳山韩威生物科技有限公司	PD20140520	印楝素	0.3%	乳油	2014.03.06	2019.03.06
广东田园生物工程有限公司	PD20141036	印楝素	2%	水分散粒剂	2014.04.21	2019.04.21
广东田园生物工程有限公司	PD20141074	印楝素	1%	微乳剂	2014.04.25	2019.04.25
江西长荣天然香料有限公司	WP20100036	防蛀片剂	96%	片剂	2010.01.25	2015.01.25
江西长荣天然香料有限公司	WP20100036	右旋樟脑	96%	原药	2010.01.28	2015.01.28
江西长荣天然香料有限公司	WP20110125	防蛀细粒剂	38%	细粒剂	2011.05.27	2016.05.27
上海三樱扑雷药业有限公司	PD20110141	防蛀细粒剂	38%	细粒剂	2011.06.08	2016.06.08
广西施乐农化科技开发有限责任公司	PD20083523	鱼藤酮	95%	原药	2013.12.12	2018.12.12

1. 植物源农药：生产厂家132个，登记原药13种，登记产品195种（截至2014年6月）						
生产厂家	登记证号	登记名称	总含量	制剂	有效起始日	有效截至日
广东金农达生物科技有限公司	PD20085108	鱼藤酮	2.5%	乳油	2013.12.23	2018.12.23
广东新秀田化工有限公司	PD20086351	氰戊·鱼藤酮	2.5%	乳油	2013.12.31	2018.12.31
广东新秀田化工有限公司	PD20086352	氰戊·鱼藤酮	7.5%	乳油	2013.12.31	2018.12.31
河北省保定市亚达化工有限公司	LS20140093	印棟素	0.5%	可溶液剂	2014.03.14	2015.03.14
成都绿金生物科技有限责任公司	PD20101579	印棟素	10%	母药	2010.06.01	2015.06.01
成都绿金生物科技有限责任公司	PD20101580	印棟素	0.3%	乳油	2010.06.01	2015.06.01
成都绿金生物科技有限责任公司	PD20101807	阿维·印棟素	0.8%	乳油	2010.07.14	2015.07.14
河南鹤壁陶英陶生物科技有限公司	PD20101847	印棟素	12%	母药	2010.07.28	2015.07.28
云南中科生物产业有限公司	PD20101937	印棟素	40%	母药	2010.08.27	2015.08.27
云南中科生物产业有限公司	PD20101938	印棟素	0.3%	乳油	2010.08.27	2015.08.27
云南建元生物开发有限公司	PD20102030	印棟素	20%	母药	2010.10.19	2015.10.19
浙江来益生物科技有限公司	PD20102187	印棟素	0.3%	乳油	2010.12.15	2015.12.15
海南里蒙特生物农药有限公司	PD20110076	印棟素	0.3%	乳油	2011.01.21	2016.01.21
广西施乐农化科技开发有限责任公司	PD20091876	鱼藤酮	7.5%	乳油	2014.02.09	2019.02.09
河北天顺生物工程有限公司	PD20092307	鱼藤酮	4%	乳油	2014.02.24	2019.02.24
广东新秀田化工有限公司	PD20093596	敌百·鱼藤酮	25%	乳油	2014.03.23	2019.03.23

生产厂家	登记证号	登记名称	总含量	制剂	有效起始日	有效截至日
1. 植物源农药：生产厂家132个，登记原药13种，登记产品195种（截至2014年6月）						
广西施乐农化科技开发有限责任公司	PD20095175	藤酮·辛硫磷	18%	乳油	2014.04.24	2019.04.24
河北天顺生物工程有限公司	PD20095935	鱼藤酮	95%	原药	2014.06.02	2019.06.02
河北昊阳化工有限公司	PD20097721	鱼藤酮	2.5%	乳油	2009.11.04	2014.11.04
陕西省西安西诺农化有限责任公司	PD20097887	氰戊·鱼藤酮	1.3%	乳油	2014.11.20	2019.11.20
广东省广州市益农生化有限公司	PD20110891	鱼藤酮	2.5%	乳油	2011.08.16	2016.08.16
河北三农农用化工有限公司	PD20140692	鱼藤酮	6%	微乳剂	2014.03.24	2019.03.24
广东园田生物工程有限公司	PD20141073	鱼藤酮	2.5%	悬浮剂	2014.04.25	2019.04.25
广州农药厂从化市分厂	PD91105-2	鱼藤酮	2.5%	乳油	2011.11.23	2016.11.23
广东新秀田化工有限公司	PDN30-94	氰·鱼藤	1.3%	乳油	2014.05.18	2019.05.18
源达日化（天津）有限公司	WP20090324	防蛀球剂	94%	球剂	2009.09.21	2014.09.21
源达日化（天津）有限公司	WP20090325	防蛀片剂	94%	片剂	2009.09.21	2014.09.21
广东省广州市黄埔化工厂	WP20090326	樟脑	96%	原药	2009.09.21	2014.09.21
上海嘉定鑫明日用化工厂	WP20090336	防蛀球剂	94%	球剂	2009.10.10	2014.10.10
广东省台州市日用化工厂	WP20090376	防蛀球剂	94%	球剂	2009.12.08	2014.12.08
中山富士化工有限公司	WP20100002	防蛀片剂	94%	防蛀片剂	2010.01.04	2015.01.04
上海金鹿化工有限公司	WP20100004	防蛀球剂	96%	球剂	2010.01.05	2015.01.05

2. 细菌农药：生产厂家50个，母药5种，登记产品184种（截至2014年6月）

生产厂家	登记证号	登记名称	总含量	制剂	有效起始日	有效截至日
武汉科诺生物科技股份有限公司	WL20100260	苏云金杆菌（以色列亚种）	1200ITU/毫克	可湿性粉剂	2012.11.09	2013.11.09
江苏省扬州绿源生物化工有限公司	WL20110043	苏云金杆菌（以色列亚种）	1600ITU/毫克	可湿性粉剂	2013.03.07	2014.03.07
江苏省扬州绿源生物化工有限公司	WL20110081	苏云金杆菌（以色列亚种）	200ITU/毫克	大粒剂	2013.06.20	2014.06.20
古巴朗伯姆公司	WP20100153	苏云金杆菌（以色列亚种）	500TTU/毫克	悬浮剂	2010.12.08	2015.12.08
古巴朗伯姆公司	WP20100182	苏云金杆菌（以色列亚种）	100%	原药	2010.12.21	2015.12.21
湖北康欣农用药业有限公司	WP20110272	苏云金杆菌（以色列亚种）	7000ITU/毫克	原药	2011.12.29	2016.12.29
福建浦城绿安生物农药有限公司	WP20120259	苏云金杆菌（以色列亚种）	1200ITU/毫克	可湿性粉剂	2012.12.26	2017.12.26
江苏省扬州绿源生物化工有限公司	LS20110214	茶毛核·苏	10000PIB/毫升；2000IU/微升	悬浮剂	2013.08.04	2014.08.04
美商华仑生物科学公司	PD174-93	苏云金杆菌	3.20%	可湿性粉剂	2008.12.29	2013.12.29
美商华仑生物科学公司	PD20040007	苏云金杆菌	15000IU/毫克	水分散粒剂	2009.07.27	2014.07.27
广东德利生物科技有限公司	PD20040007F100008	苏云金杆菌	15000IU/毫克	水分散粒剂	2013.02.21	2014.02.21
江苏东宝农药化工有限公司	PD20040770	苏云·杀虫单		可湿性粉剂	2009.12.19	2014.12.19
江西威牛作物科学有限公司	PD20060120	苏云金杆菌	16000IU/毫克	可湿性粉剂	2011.06.15	2016.06.15
上海威敌生化（南昌）有限公司	PD20070104	苏云金杆菌	50000IU/毫克	原药	2012.04.26	2017.04.26
武汉楚强生物科技有限公司	PD20070419	菜青虫颗粒体病毒·苏可湿性粉剂	1万PIB/毫克16000IU/毫克	可湿性粉剂	2012.11.06	2017.11.06

2. 细菌农药：生产厂家50个，母药5种，登记产品184种（截至2014年6月）

生产厂家	登记证号	登记名称	总含量	制剂	有效起始日	有效截至日
山东省乳山韩威生物科技有限公司	PD20081364	苏云金杆菌	50000IU/毫克	原药	2013.10.22	2018.10.22
湖北天泽农生物工程有限公司	PD20081972	苏云金杆菌	16000IU/毫克	可湿性粉剂	2008.11.25	2013.11.25
威海韩孚生化药业有限公司	PD20082020	阿维·苏云菌		可湿性粉剂	2013.11.25	2018.11.25
湖北天泽农生物工程有限公司	PD20082346	苏云金杆菌	8000IU/毫克	可湿性粉剂	2008.12.01	2013.12.01
山东省青岛奥迪斯生物科技有限公司	PD20082795	苏云金杆菌	8000IU/毫克	可湿性粉剂	2008.12.09	2013.12.09
上海威敌生化（南昌）有限公司	PD20082860	苏云金杆菌	16000IU/毫克	可湿性粉剂	2008.12.09	2013.12.09
海利尔药业集团股份有限公司	PD20083028	苏云金杆菌	8000IU/毫克	可湿性粉剂	2008.12.10	2013.12.10
福建浦城绿安生物农药有限公司	PD20083029	苏云金杆菌	50000IU/毫克	原药	2008.12.10	2013.12.10
福建浦城绿安生物农药有限公司	PD20083182	苏云金杆菌	32000IU/毫克	可湿性粉剂	2008.12.11	2013.12.11
上海威敌生化（南昌）有限公司	PD20083290	苏云金杆菌	32000IU/毫克	可湿性粉剂	2008.12.11	2013.12.11
福建浦城绿安生物农药有限公司	PD20083324	苏云金杆菌	16000IU/毫克	可湿性粉剂	2008.12.11	2013.12.11
湖南农大海特农化有限公司	PD20083358	苏云金杆菌	16000IU/毫克	可湿性粉剂	2008.12.11	2013.12.11
山东省青岛金正农药有限公司	PD20083366	苏云金杆菌	16000IU/毫克	可湿性粉剂	2008.12.11	2013.12.11
百农思达（山东）农用化学品有限公司	PD20083416	苏云金杆菌	16000IU/毫克	可湿性粉剂	2008.12.11	2013.12.11
绩溪县庆丰天鹰生化有限公司	PD20083433	阿维·苏云菌		可湿性粉剂	2008.12.11	2013.12.11
福建浦城绿安生物农药有限公司	PD20083525	苏云金杆菌	4000IU/微升	悬浮剂	2008.12.12	2013.12.12

2. 细菌农药：生产厂家 50 个，母药 5 种，登记产品 184 种（截至 2014 年 6 月）

生产厂家	登记证号	登记名称	总含量	制剂	有效起始日	有效截至日
福建浦城绿安生物农药有限公司	PD20083929	苏云金杆菌	8000IU/毫克	悬浮剂	2008.12.15	2013.12.15
河南远见农业科技有限公司	PD20083946	苏云金杆菌	16000IU/毫克	可湿性粉剂	2008.12.15	2013.12.15
山东鲁抗生物农药有限公司	PD20084052	苏云金杆菌	32000IU/毫克	可湿性粉剂	2013.12.16	2018.12.16
广东省深圳市沃科生物工程有限公司	PD20084053	苏云金杆菌	16000IU/毫克	可湿性粉剂	2008.12.16	2013.12.16
山西绿海农药科技有限公司	PD20084385	苏云金杆菌	8000IU/毫克	可湿性粉剂	2008.12.17	2013.12.17
广东省东莞市瑞德丰生物科技有限公司	PD20084431	苏云金杆菌	16000IU/毫克	可湿性粉剂	2008.12.17	2013.12.17
山东省青岛泰源科技发展有限公司	PD20084465	苏云金杆菌	8000IU/毫克	可湿性粉剂	2008.12.17	2013.12.17
山东省青岛好利特生物农药有限公司	PD20084841	苏云金杆菌	16000IU/毫克	可湿性粉剂	2008.12.22	2013.12.22

3. 真菌农药：生产厂家 10 个、登记母药 8 种、登记产品 21 种（截至 2014 年 6 月）

生产厂家	登记证号	登记名称	总含量	制剂	有效起始日	有效截至日
山东泰诺药业有限公司	PD20096832	木霉菌	25 亿活孢子/克	母药	2009.09.21	2014.09.21
山东泰诺药业有限公司	PD20096833	木霉菌	2 亿活孢子/克	可湿性粉剂	2009.09.21	2014.09.21
山东泰诺药业有限公司	PD20101573	木霉菌	1 亿活孢子/克	水分散粒剂	2010.06.01	2015.06.01
山东碧奥生物科技有限公司	PD20131786	木霉菌	2 亿个/克	可湿性粉剂	2013.09.09	2018.09.09
美国拜沃股份有限公司	LS20110131	哈茨木霉菌	300 亿 CFU/克	母药	2013.07.12	2014.07.12
美国拜沃股份有限公司	LS20110181	哈茨木霉菌	3 亿 CFU/克	可湿性粉剂	2013.07.07	2014.07.07

3. 真菌农药：生产厂家10个、登记母药8种、登记产品21种（截至2014年6月）

生产厂家	登记证号	登记名称	总含量	制剂	有效起始日	有效截至日
捷克生物制剂股份有限公司	PD20131755	寡雄腐霉	500万孢子/克	原药	2013.09.06	2018.09.06
捷克生物制剂股份有限公司	PD20131756	寡雄腐霉军	100万孢子/克	可湿性粉剂	2013.09.06	2018.09.06
山东省长清农药厂有限公司	PD20096828	耳霉菌	200万个/毫升	悬浮剂	2009.09.21	2014.09.21
江西天人生态股份有限公司	PD20102133	球孢白僵菌	100亿个孢子/克	可湿性粉剂	2010.12.02	2015.12.02
江西天人生态股份有限公司	PD20102134	球孢白僵菌	400亿个孢子/克	可湿性粉剂	2010.12.02	2015.12.02
江西天人生态股份有限公司	PD20102135	球孢白僵菌	500亿个孢子/克	母药	1010.12.02	2015.12.02
江西天人生态股份有限公司	PD20110965	球孢白僵菌	400亿个孢子/克	水分散粒剂	2011.09.08	2016.09.08
江西天人生态股份有限公司	PD20111249	球孢白僵菌	400亿个孢子/克	可湿性粉剂	2011.11.23	2016.11.23
江西天人生态股份有限公司	PD20120147	球孢白僵菌	300亿孢子/克	可分散油悬浮剂	2012.01.30	2017.01.30
江西天人生态股份有限公司	PD20130554	球孢白僵菌	2亿孢子/平方厘米	挂条	2013.04.01	2018.04.01
中国农科院植保所廊坊农药中试厂	LS20110306	金龟子绿僵菌	25亿孢子/克	可湿性粉剂	2013.12.05	2014.12.05
重庆重大生物技术发展有限公司	PD20080670	金龟子绿僵菌	500亿孢子/克	母药	2013.05.27	2018.05.27
重庆重大生物技术发展有限公司	PD20080671	金龟子绿僵菌	100亿孢子/毫升	油悬浮剂	2013.05.27	2018.05.27
江西天人生态股份有限公司	PD20094629	金龟子绿僵菌	170亿活孢子/克	原药	2009.04.10	2014.04.10
江西天人生态股份有限公司	PD20120629	金龟子绿僵菌	100亿孢子/克	油悬浮剂	2012.04.12	2017.04.12
江西天人生态股份有限公司	PD20121305	金龟子绿僵菌	100亿孢子/克	可湿性粉剂	2012.09.11	2017.09.11

3. 真菌农药: 生产厂家10个、登记母药8种、登记产品21种 (截至2014年6月)

生产厂家	登记证号	登记名称	总含量	制剂	有效起始日	有效截至日
江苏省南通派斯第农药化工有限公司	WP20090077	杀蟑饵剂	5 亿孢子/克	饵剂	2009. 02. 02	2014. 02. 02
江西天人生态股份有限公司	WP20110233	杀蟑饵剂	5 亿孢子/克	饵剂	2011. 10. 13	2016. 10. 13
福建凯立生物制品有限公司	PD20096840	淡紫拟青霉	200 亿活孢子/克	母药	2009. 09. 21	2014. 09. 21
福建凯立生物制品有限公司	PD20096841	淡紫拟青霉	2 亿活孢子/克	粉剂	2009. 09. 21	2014. 09. 21
德强生物股份有限公司	PD20110951	淡紫拟青霉	5 亿孢子/克	颗粒剂	2011. 09. 08	2016. 09. 08
德强生物股份有限公司	PD20110980	淡紫拟青霉	100 亿孢子/克	母药	2011. 09. 15	2016. 09. 15
广东省佛山市盈辉作物科学有限公司	PD20122019	淡紫拟青霉	5 亿孢子/克	颗粒剂	2012. 12. 19	2017. 12. 19

4. 病毒农药: 生产厂家23个; 母药14种; 登记产品45种 (截至2014年6月)

生产厂家	登记证号	登记名称	总含量	制剂	有效起始日	有效截至日
武汉楚强生物科技有限公司	PD20086029	松毛虫质型多角体病毒	100 亿 PIB/克	母药	2008. 12. 29	2013. 12. 29
武汉楚强生物科技有限公司	PD20086030	苏·松质病毒		可湿性粉剂	2008. 12. 29	2013. 12. 29
湖北省武汉兴泰生物技术有限公司	PD20100176	松毛虫质型多角体病毒	50 亿 PIB/毫升	母药	2010. 01. 05	2015. 01. 05
湖北省武汉兴泰生物技术有限公司	PD20110518	松质·赤眼蜂		杀虫卡	2011. 05. 03	2016. 05. 03
武汉楚强生物科技有限公司	WP20080081	蟑螂病毒	1 亿 PIB/毫升	原药	2013. 06. 16	2018. 06. 16
武汉楚强生物科技有限公司	WP20080082	杀蟑饵剂	6000PIB/克	饵剂	2013. 06. 16	2018. 06. 16
绩溪县庆丰天鹰生化有限公司	PD20096845	苜蓿银纹夜蛾核型多角亭病毒	1000 亿 PIB/毫升	母药	2009. 09. 21	2014. 09. 21
绩溪县庆丰天鹰生化有限公司	PD20096846	苜蓿银纹夜蛾核型多角亭病毒	10 亿 PIB/毫升	悬浮剂	2009. 09. 21	2014. 09. 21

4. 病毒农药：生产厂家23个；母药14种；登记产品45种（截至2014年6月）

生产厂家	登记证号	登记名称	总含量	制剂	有效起始日	有效截至日
武汉楚强生物科技有限公司	PD20097412	苜核·苏云菌		悬浮剂	2009.10.28	2014.10.28
广东植物龙生物技术有限公司	PD20130734	苜蓿银纹夜蛾核型多角亭病毒	10亿PIB/毫升	悬浮剂	2013.04.12	2018.04.12
江西新龙生物科技有限公司	LS20110165	甘蓝夜蛾核型多角体病毒	20亿PIB/毫升	悬浮剂	2013.06.14	2014.06.14
江西新龙生物科技有限公司	LS20130372	甘蓝夜蛾核型多角体病毒	200亿PIB/克	母药	2013.07.26	2014.07.26
广东省广州市中达生物工程有限公司	PD20096742	斜纹夜蛾核型多角体病毒	10亿PIB/克	可湿性粉剂	2009.09.07	2014.09.07
广东省广州市中达生物工程有限公司	PD20096743	斜纹夜蛾核型多角体病毒	300亿PIB/克	母药	2009.09.07	2014.09.07
武汉楚强生物科技有限公司	PD20097660	高氯·斜夜核		悬浮剂	2009.11.04	2014.11.04
河南省济源白云实业有限公司	PD20121168	斜纹夜蛾核型多角体病毒	200亿PIB/克	水分散粒剂	2012.07.30	2017.07.30
江苏省扬州绿源生物化工有限公司	LS20110204	茶毛虫核型多角体病毒	20亿PIB/毫升	母药	2013.08.04	2014.08.04
江苏省扬州绿源生物化工有限公司	LS20110214	茶毛核·苏	10000PIB/微升；2000IU/微升	悬浮剂	2013.08.04	2014.08.04
武汉楚强生物科技有限公司	PD20060149	菜青虫颗粒体病毒	1亿个/毫克	母药	2011.08.24	2016.08.24
武汉楚强生物科技有限公司	PD20070074	1万PIB/毫克菜青虫颗粒体病毒·16000IU/毫克苏可湿性粉剂		可湿性粉剂	2012.11.06	2017.11.06
武汉楚强生物科技有限公司	PD20120875	菜颗·苏云菌		悬浮剂	2012.05.24	2017.05.24
河北新农生物化工有限公司	PD20098128	棉铃虫核型多角体病毒	20亿PIB/毫升	悬浮剂	2009.12.08	2014.12.08
河南省禹州市百灵生物药业有限责任公司	PD20098195	棉铃虫核型多角体病毒	20亿PIB/毫升	悬浮剂	2009.12.16	2014.12.16

4. 病毒农药：生产厂家23个；母药14种；登记产品45种（截至2014年6月）						
生产厂家	登记证号	登记名称	总含量	制剂	有效起始日	有效截至日
上海宜邦生物工程（信阳）有限公司	PD20098197	棉铃虫核型多角体病毒	20亿PIB/毫升	悬浮剂	2009.12.16	2014.12.16
武汉楚强生物科技有限公司	PD20098198	棉核·苏云菌		悬浮剂	2009.12.16	2014.12.16
河南省博爱惠丰生化农药有限公司	PD20098243	棉铃虫核型多角体病毒	5000亿PIB/克	母药	2009.12.16	2014.12.16
河南省安阳市瑞泽农药有限责任公司	PD20100044	棉铃虫核型多角体病毒	10亿PIB/克	可湿性粉剂	2010.01.04	2015.01.04
湖北仙隆化工股份有限公司	PD20100751	棉铃虫核型多角体病毒	10亿PIB/克	可湿性粉剂	2010.01.16	2015.01.16
河南省博爱惠丰生化农药有限公司	PD20101241	棉核·辛硫磷		可湿性粉剂	2010.03.01	2015.03.01
河南省济源白云实业有限公司	PD20120501	棉铃虫核型多角体病毒	600亿PIB/克	水分散粒剂	2012.03.19	2017.03.19
河南省济源白云实业有限公司	PD20121005	棉铃虫核型多角体病毒	50亿PIB/毫升	悬浮剂	2012.06.21	2017.06.21
广东省佛山市盈辉作物科学有限公司	PD20121335	棉铃虫核型多角体病毒	20亿PIB/毫升	悬浮剂	2012.09.11	2017.09.11
武汉楚强生物科技有限公司	LS20130003	甜菜夜蛾核型多角体病毒	5亿PIB/克	悬浮剂	2013.01.04	2014.01.04
武汉楚强生物科技有限公司	PD20086027	甜核·苏云菌	16000IU/毫克,1万PIB/毫克	可湿性粉剂	2008.12.29	2013.12.29
武汉楚强生物科技有限公司	PD20086028	甜菜夜蛾核型多角体病毒	200亿PIB/克	母药	2008.12.29	2013.12.29
河南省济源白云实业有限公司	PD20121697	甜菜夜蛾核型多角体病毒	2000亿PIB/克	母药	2012.11.05	2017.11.05
河南省济源白云实业有限公司	PD20130162	甜菜夜蛾核型多角体病毒	30亿PIB/毫升	悬浮剂	2013.01.24	2018.01.24
河南省济源白云实业有限公司	PD20130186	甜菜夜蛾核型多角体病毒	300亿PIB/克	水分散粒剂	2013.01.24	2018.01.24
江苏省扬州绿源生物化工有限公司	LS20110204	茶毛虫核型多角体病毒	20亿PIB/毫升	母药	2013.08.04	2014.08.04

4. 病毒农药: 生产厂家23个; 母药14种; 登记产品45种 (截至2014年6月)

生产厂家	登记证号	登记名称	总含量	制剂	有效起始日	有效截止日
江苏省扬州绿源生物化工有限公司	LS20110214	茶毛核·苏	10000PIB/微升; 2000IU/微升	悬浮剂	2013.08.04	2014.08.04
武汉楚强生物科技有限公司	PD20086035	茶尺蠖核型多角体病毒·苏云菌		悬浮剂	2008.12.29	2013.12.29
武汉楚强生物科技有限公司	PD20086036	茶尺蠖核型多角体病毒	200亿PIB/克	母药	2008.12.29	2013.12.29
江苏省扬州绿源生物化工有限公司	PD20097569	茶核·苏云菌		悬浮剂	2009.11.03	2014.11.03
上海宜邦生物工程(信阳)有限公司	PD20085013	棉铃虫核型多角体病毒	10亿PIB/克	可湿性粉剂	2008.12.22	2013.12.22
湖北省天门市生物农药厂	PD20097117	棉铃虫核型多角体病毒	5000亿PIB/克	母药	2009.10.12	2014.10.12
湖北省天门市生物农药厂	PD20097118	棉铃虫核型多角体病毒	10亿PIB/克	可湿性粉剂	2009.10.12	2014.10.12
湖北省天门市生物农药厂	PD20097119	棉铃虫核型多角体病毒	20亿PIB/克	悬浮剂	2009.10.12	2014.10.12
河南省焦作市瑞宝丰生化农药有限公司	PD20097363	棉核·高氯		可湿性粉剂	2009.10.27	2014.10.27
河南省焦作市瑞宝丰生化农药有限公司	PD20097423	棉核·辛硫磷		可湿性粉剂	2009.10.28	2014.10.28
湖北仙隆化工股份有限公司	PD20097484	棉铃虫核型多角体病毒	20亿PIB/毫升	悬浮剂	2009.11.03	2014.11.03
河南省济源白云实业有限公司	PD20097636	棉铃虫核型多角体病毒	5000亿PIB/克	母药	2009.11.12	2014.11.12
河南省博爱惠丰生化农药有限公司	PD20097935	棉铃虫核型多角体病毒	10亿PIB/克	可湿性粉剂	2009.11.30	2014.11.30
广东省珠海市华夏生物制剂有限公司	PD20098111	棉铃虫核型多角体病毒	20亿PIB/毫升	悬浮剂	2009.12.08	2014.12.08
河南省禹州市百灵生物药业有限责任公司	PD20098113	棉铃虫核型多角体病毒	10亿PIB/克	可湿性粉剂	2009.12.08	2014.12.08

4. 病毒农药：生产厂家23个；母药14种；登记产品45种（截至2014年6月）						
生产厂家	登记证号	登记名称	总含量	制剂	有效起始日	有效截至日
湖北省赤壁志诚生物工程有限公司	PD20098123	棉铃虫核型多角体病毒	10 亿 PIB/克	可湿性粉剂	2009.12.08	2014.12.08

5. 抗生素农药：生产厂家135家，登记原药14种；登记产品192种（截至2014年6月）						
生产厂家	登记证号	登记名称	总含量	制剂	有效起始日	有效截至日
青海生物药品厂	LS20130227	C型肉毒梭菌毒素	3000 毒价/克	饵剂	2014.04.28	2015.04.28
青海生物药品厂	PD20070418	C型肉毒杀鼠素	100万毒价/毫升	水剂	2012.11.06	2017.11.06
青海生物药品厂	PD20131758	C型肉毒梭菌毒素	100万毒价/毫升	浓饵剂	2013.09.06	2018.09.06
青海绿原生物工程有限公司	LS20110173	D型肉毒梭菌毒素	1亿毒价/克	浓饵剂	2013.06.20	2014.06.20
青海绿原生物工程有限公司	PD20096472	D型肉毒梭菌毒素	1000万毒价/毫升	水剂	2014.08.14	2019.08.14
四川龙蟒福生科技有限责任公司	LS20130212	S-诱抗素	5%	水剂	2014.04.12	2015.04.12
四川龙蟒福生科技有限责任公司	PD20050198	S-诱抗素	0.1%	水剂	2010.12.13	2015.12.13
四川龙蟒福生科技有限责任公司	PD20050199	S-诱抗素	0.006%	水剂	2010.12.13	2015.12.13
四川龙蟒福生科技有限责任公司	PD20050201	S-诱抗素	90%	原药	2010.12.13	2015.12.13
四川龙蟒福生科技有限责任公司	PD20093848	S-诱抗素	1%	可溶粉剂	2014.03.25	2019.03.25
四川龙蟒福生科技有限责任公司	PD20100501	吲丁·诱抗素	1%	可湿性粉剂	2010.01.14	2015.01.14
四川国光农化股份有限公司	PD20110292	S-诱抗素	90%	原药	2011.03.11	2016.03.11

5. 抗生素农药: 生产厂家 135 家, 登记原药 14 种; 登记产品 192 种 (截至 2014 年 6 月)

生产厂家	登记证号	登记名称	总含量	制剂	有效起始日	有效截至日
四川国光农化股份有限公司	PD20130807	S-诱抗素水剂	0.1%	水剂	2013.04.22	2018.04.22
四川龙蟒福生科技有限责任公司	PD20140946	S-诱抗素	0.25%	水剂	2014.04.14	2019.04.14
河南赛诺化工科技有限公司	PD20141062	S-诱抗素	0.1%	水剂	2014.04.25	2019.04.25
江门市植保有限公司	LS20130261	春雷·三环唑	22%	可湿性粉剂	2014.05.02	2015.05.02
陕西美邦农药有限公司	LS20130428	春雷·氯尿	22%	可湿性粉剂	2014.09.09	2015.09.09
日本北兴化学工业柱式会社	PD166-92	春雷·王铜	50%	可湿性粉剂	2012.11.12	2017.11.12
江门市植保有限公司	PD166-92F120009	春雷·王铜	50%	可湿性粉剂	2014.05.16	2015.05.16
日本北兴化学工业柱式会社	PD167-92	春雷·王铜	47%	可湿性粉剂	2012.08.27	2017.08.27
江门市植保有限公司	PD167-92-F01-431	春雷·王铜	47%	可湿性粉剂	2014.05.08	2015.05.08
吉林省延边春雷生物药业有限公司	PD20070254	春雷毒素	55%	原药	2012.09.04	2017.09.04
华北制药股份有限公司	PD20070281	春雷毒素	65%	原药	2012.09.05	2017.09.05
华北制药股份有限公司	PD20081484	春雷毒素	6%	课湿性粉剂	2013.11.05	2018.11.05
吉林省延边春雷生物药业有限公司	PD20081904	春雷毒素	2%	水剂	2013.11.21	2018.11.21
江西省赣州宇田化工有限公司	PD20082595	春雷毒素	2%	可湿性粉剂	2013.12.04	2018.12.04

生产厂家	登记证号	登记名称	总含量	制剂	有效起始日	有效截至日
华北制药集团爱诺有限公司	PD20084084	春雷毒素	2%	水剂	2013.12.16	2018.12.16
陕西美邦农药有限公司	PD20084438	春雷毒素	2%	可湿性粉剂	2013.12.17	2018.12.17
山西汤普森生物科技有限公司	PD20084770	春雷毒素	2%	水剂	2013.12.22	2018.12.22
山东惠民中农作物保护有限责任公司	PD20085189	春雷毒素	2%	水剂	2013.12.23	2018.12.23
湖南大方农化有限公司	PD20085256	春雷毒素	4%	可湿性粉剂	2013.12.23	2018.12.23
河北上瑞化工有限公司	PD20085528	春雷毒素	2%	可湿性粉剂	2013.12.25	2018.12.25
华北制药股份有限公司	PD20085636	春雷毒素	2%	水剂	2013.12.26	2018.12.26
广西田园生化股份有限公司	PD20086157	春雷·硫磺	50.5%	可湿性粉剂	2013.12.30	2018.12.30
广西田园生化股份有限公司	PD20086186	春雷·三环唑	10%	可湿性粉剂	2013.12.30	2018.12.30
辽宁省沈阳红旗林药有限公司	LS20130363	嘧肽·多抗	1.8%	水剂	2014.07.05	2015.07.05
兴农药业（中国）有限公司	LS20130400	多抗·喹啉铜	50%	可湿性粉剂	2013.07.28	2014.07.28
陕西美邦农药有限公司	LS20140028	多抗·丙森锌	62%	可湿性粉剂	2014.01.14	2015.01.14
陕西美邦农药有限公司	LS20140031	多抗·戊唑醇	30%	可湿性粉剂	2014.01.14	2015.01.14
日本科研制药株式会社	PD138-91	多抗霉素	10%	可湿性粉剂	2011.06.15	2016.06.15

表头上方说明：5. 抗生素农药：生产厂家135家，登记原药14种；登记产品192种（截至2014年6月）

5. 抗生素农药：生产厂家 135 家，登记原药 14 种；登记产品 192 种（截至 2014 年 6 月）

生产厂家	登记证号	登记名称	总含量	制剂	有效起始日	有效截至日
中农立华（天津）农用化学品有限公司	PD138－91F100015	多抗霉素	10%	可湿性粉剂	2014.04.14	2015.04.14
山东科大创业生物有限公司	PD20070399	多抗霉素	34%	原药	2012.11.05	2017.11.05
吉林延边春雷生物药业有限公司	PD20083122	多抗霉素	32%	原药	2013.12.10	2018.12.10
陕西绿盾生物制品有限责任公司	PD20083193	多抗霉素	34%	原药	2013.12.11	2018.12.11
陕西绿盾生物制品有限责任公司	PD20085698	多抗霉素	1.5%	可湿性粉剂	2013.12.26	2018.12.26
辽宁科生生物化学制品有限公司	PD20090588	多抗霉素	35%	原药	2014.01.14	2019.01.14
河南远见农业科技有限公司	PD20090929	多抗霉素	1%	水剂	2014.01.19	2019.01.19
潍坊华诺生物科技有限公司	PD20091035	多抗霉素	34%	原药	2014.01.21	2019.01.21
辽宁省沈阳中科生物工程有限公司	PD20091226	多抗霉素	0.3%	水剂	2014.02.01	2019.02.01
山东省乳山韩威生物科技有限公司	PD20091321	多抗霉素	0.3%	水剂	2014.02.01	2019.02.01
陕西美邦农药有限公司	PD20092142	多抗霉素	1.5%	可湿性粉剂	2014.02.23	2019.02.23
辽宁科生生物化学制品有限公司	PD20092758	多抗霉素	0.3%	水剂	2014.03.04	2019.03.04
陕西标正作物科学有限公司	PD20093117	多抗霉素	0.3%	水剂	2014.03.10	2019.03.10
山东新势立生物科技有限公司	PD20093682	多抗霉素	10%	可湿性粉剂	2014.03.25	2019.03.25

5. 抗生素农药：生产厂家135家，登记原药14种；登记产品192种（截至2014年6月）

生产厂家	登记证号	登记名称	总含量	制剂	有效起始日	有效截至日
绩溪农华生物科技有限公司	PD20094552	多抗霉素	1%	水剂	2014.04.09	2019.04.09
陕西绿盾生物制品有限责任公司	PD20094672	多抗霉素	1%	水剂	2014.04.10	2019.04.10
兴农药业（中国）有限公司	PD20095786	多抗霉素	3%	可湿性粉剂	2014.05.27	2019.05.27
山东信邦生物化学有限公司	PD20095829	多抗霉素	3%	可湿性粉剂	2014.05.27	2019.05.27
湖北省武汉天惠生物工程有限公司	PD20096215	多抗霉素	32%	原药	2014.07.15	2019.07.15
河南省开封田威生物化学有限公司	PD20096529	多抗霉素	3%	可湿性粉剂	2009.08.20	2014.08.20
山东新势立生物科技有限公司	PD20096629	多抗霉素	3%	可湿性粉剂	2009.09.02	2014.09.02
陕西上格之路生物科学有限公司	LS20120274	多杀·吡虫啉	16%	悬浮剂	2013.08.06	2014.08.06
湖南大学海特农化有限公司	LS20120316	多杀霉素	2.5%	水乳剂	2013.09.10	2014.09.10
北京燕化永乐生物科技股份有限公司	LS20130136	多杀·甲维盐	10%	水分散粒剂	2014.04.02	2015.04.02
北京燕化永乐生物科技股份有限公司	LS20130183	多杀霉素	20%	悬浮剂	2014.04.05	2015.04.05
北京燕化永乐生物科技股份有限公司	LS20130303	多杀霉素	8%	水乳剂	2014.06.04	2015.06.04
江苏克胜集团股份有限公司	LS20130331	多杀霉素	20%	悬浮剂	2014.06.09	2015.06.09
江苏克胜集团股份有限公司	LS20140196	多杀·茚虫威	15%	悬浮剂	2014.05.06	2015.05.06

生产厂家	登记证号	登记名称	总含量	制剂	有效起始日	有效截至日
5. 抗生素农药：生产厂家135家，登记原药14种；登记产品192种（截至2014年6月）						
美国陶氏益农公司	PD20060004	多杀霉素	90%	原药	2011.01.09	2016.01.09
美国陶氏益农公司	PD20060005	多杀霉素	25克/升	悬浮剂	2011.01.09	2016.01.09
广东德利生物科技有限公司	PD20060005-F01-85	多杀霉素	25克/升	悬浮剂	2013.09.06	2014.09.06
美国陶氏益农公司	PD20070190	多杀霉素	480克/升	悬浮剂	2012.07.11	2017.07.11
广东德利生物科技有限公司	PD20070190 F050082	多杀霉素	489克/升	悬浮剂	2013.11.30	2014.11.30
美国陶氏益农公司	PD20060666	多杀霉素	0.02%	饵料	2013.05.27	2018.05.27
广东德利生物科技有限公司	PD20080666 F090109	多杀霉素	0.02%	饵料	2013.09.07	2014.09.07
北京华戎生物激素厂	PD20111229	多杀霉素	10%	水分散粒剂	2011.11.18	2016.11.18
江西众和化工有限公司	LS20110240	井冈·枯芽菌	5%·200亿活芽孢/毫升	水剂	2013.09.13	2014.09.13
江苏通州正大农药化工有限公司	LS20120185	井冈·戊唑醇	12%	悬浮剂	2014.05.17	2015.05.17
江苏剑牌农化股份有限公司	LS20130467	井冈·三唑醇	21%	可湿性粉剂	2013.10.10	2014.10.10
上海农乐生物制品股份有限公司	PD20040481	井冈·杀虫单	50%	可湿性粉剂	2009.12.19	214.12.19
江苏福田农化有限公司	PD20040499	井冈·杀虫单	65%	可溶粉剂	2009.12.19	2014.12.19
上海农乐生物制品股份有限公司	PD20040692	井冈·吡虫啉	10%	可湿性粉剂	2009.12.19	2014.12.19

171

5. 抗生素农药：生产厂家135家，登记原药14种；登记产品192种（截至2014年6月）

生产厂家	登记证号	登记名称	总含量	制剂	有效起始日	有效截至日
江苏东宝农药化工有限公司	PD20040707	井冈·杀虫单	65%	可溶粉剂	2009.12.19	2014.12.19
上海农乐生物制品股份有限公司	PD20040779	吡·井·杀虫单	50%	可湿性粉剂	2009.12.19	2014.12.19
江苏东宝农药化工有限公司	PD20040803	吡·井·杀虫单	44%	可湿性粉剂	2009.12.20	2014.12.20
湖北仙隆化工股份有限公司	PD20082049	井冈霉素	5%	水剂	2013.12.01	2018.12.01
江苏省无锡市玉祁生物有限公司	PD20082463	井冈霉素	5%	可溶粉剂	2013.12.02	2018.12.02
安徽嘉联生物科技有限公司	PD20082475	井·酮·三环唑	16%	可湿性粉剂	2013.12.03	2018.12.03
广东省东莞市瑞德丰生物科技有限公司	PD20083175	井冈霉素	8%	可溶粉剂	2013.12.11	2018.12.11
贵州贵大科技产业有限责任公司	PD20083260	吡·井·杀虫单	60%	可湿性粉剂	2013.12.11	2018.12.11
江苏省扬州市苏灵农药化工有限公司	PD20083340	井·唑·多菌灵	20%	可湿性粉剂	2013.12.11	2018.12.11
江西省赣州宇田化工有限公司	PD20083355	井冈霉素	20%	可溶粉剂	2013.12.11	2018.12.11
上海沪联生物药业（夏邑）股份有限公司	PD20083502	井冈霉素	5%	水剂	2013.12.12	2018.12.12
江苏华裕农化有限公司	PD20083664	吡·井·杀虫单	40%	可湿性粉剂	2013.12.12	2018.12.12
山东省淄博市淄川黄阳农药有限公司	PD20112075	井冈·三唑酮	15%	悬浮剂	2011.10.12	2016.10.12
武汉科诺生物科技股份有限公司	PD20111155	井冈霉素	8%	可溶粉剂	2011.11.04	2016.11.04

5. 抗生素农药：生产厂家 135 家，登记原药 14 种；登记产品 192 种（截至 2014 年 6 月）

生产厂家	登记证号	登记名称	总含量	制剂	有效起始日	有效截至日
江西威牛作物科学有限公司	PD20120672	井冈霉素	2.4%	水剂	2012.04.18	2017.04.18
江苏省南京惠宇农化有限公司	PD20120911	井冈·已唑醇	3.5%	微乳剂	2012.05.31	2017.05.31
江苏绿叶农化有限公司	PD20120433	井冈·蜡芽菌	3%	水剂	2012.10.08	2017.10.08
武汉科诺生物科技股份有限公司	PD20121477	井冈霉素	8%	水剂	2012.10.08	2017.10.08
浙江钱江生物化学股份有限公司	PD20130543	井冈·丙环唑	24%	可湿性粉剂	2013.04.01	2018.04.01
南京南农农药科技发展有限公司	PD20130703	井冈·丙环唑	10%	微乳剂	2013.04.11	2018.04.11
浙江桐庐汇丰生物科技有限公司	PD20130758	井冈·戊唑醇	14%	可湿性粉剂	2013.04.06	2018.04.06
浙江桐庐汇丰生物科技有限公司	PD20130871	井冈·蜡芽菌		水剂	2013.04.24	2018.04.24
浙江桐庐汇丰生物科技有限公司	PD20130887	井冈霉素	13%	水剂	2013.04.25	2018.04.25
浙江桐庐汇丰生物科技有限公司	PD20131195	井冈·多粘菌		可湿性粉剂	2013.05.27	2018.05.27
浙江桐庐汇丰生物科技有限公司	PD20131219	井冈霉素	28%	可溶粉剂	2013.05.28	2018.05.28
江苏省溧阳中南化工有限公司	PD20131357	井冈·蜡芽菌		水剂	2013.06.20	2018.06.20
江苏省溧阳中南化工有限公司	PD20131645	井冈·苯醚甲	12%	可湿性粉剂	2013.07.31	2018.07.31
江苏省溧阳中南化工有限公司	PD20131868	井冈·蛇床素	6%	可湿性粉剂	2013.09.25	2018.09.25

5. 抗生素农药：生产厂家135家，登记原药14种；登记产品192种（截至2014年6月）

生产厂家	登记证号	登记名称	总含量	制剂	有效起始日	有效截至日
浙江桐庐汇丰生物科技有限公司	PD20132504	井冈·硫酸铜	4.5%	水剂	2013.12.12	2018.12.12
武汉科诺生物科技股份有限公司	PD20140609	井冈·枯芽菌	20%	可湿性粉剂	2014.03.07	2019.03.07
德强生物股份有限公司	PD20141160	井冈霉素	16%	可溶粉剂	2014.04.28	2019.04.28
四川省成都年年丰农化有限公司	PD20141228	井冈霉素	2.4%	水剂	2014.05.07	2019.05.07
广西禾泰农药有限责任公司	PD20141341	井冈霉素	4%	水剂	2014.06.04	2019.06.04
广西安泰化工有限责任公司	PD20141384	井冈霉素	4%	水剂	2014.06.04	2019.06.04
上海惠光环境科技有限公司	PD20141397	井冈·已唑醇	11%	悬浮剂	2014.06.05	2019.06.05
山西省临猗中晋化工有限公司	PD20141417	井冈·三环唑	20%	可湿性粉剂	2014.06.06	2019.06.06
浙江钱江生物化学股份有限公司	PD85131	井冈霉素（3%，5%）		水剂	2010.08.15	2015.08.15
广东省四会市农药厂	PD85131-12	井冈霉素	2.4%，4%	水剂	2010.08.15	2015.08.15
安徽省圣丹生物化工有限公司	PD85131-18	井冈霉素	2.4%，4%	水剂	2010.08.15	2015.08.15
江苏绿叶农化有限公司	PD85131-19	井冈霉素	3%	水剂	2011.05.17	2016.05.17
浙江桐庐汇丰生物科技有限公司	PD85131-2	井冈霉素	2.4%，4%	水剂	2010.07.29	2015.07.29
湖南亚泰生物发展有限公司	PD85131-20	井冈霉素	2.4%	水剂	2011.03.02	2016.03.02

续表

生产厂家	登记证号	登记名称	总含量	制剂	有效起始日	有效截至日
5. 抗生素农药：生产厂家 135 家，登记原药 14 种；登记产品 192 种（截至 2014 年 6 月）						
成都普惠生物工程有限公司	PD91107-2	农用硫酸链霉素	72%	可溶粉剂	2011.03.20	2016.03.20
重庆丰化科技有限公司	PD91107-5	农用硫酸链霉素	72%	可溶粉剂	2011.06.14	2016.06.14
河北三农农用化工有限公司	PD20110251	硫酸链霉素	85%	原药	2011.03.04	2016.03.04
河北三农农用化工有限公司	PD20110252	农用硫酸链霉素	72%	可溶粉剂	2011.03.04	2016.03.04
华北制药股份有限公司	PD91107	农用硫酸链霉素	72%	可溶粉剂	2011.03.15	2016.03.15
广东省东莞市瑞德丰生物科技有限公司	PD20084259	嘧啶核苷类抗菌素	4%	水剂	2013.09.17	2018.09.17
浙江桐庐汇丰生物科技有限公司	PD20101365	嘧啶核苷类抗菌素	4%	水剂	2010.04.08	2015.04.08
山西绿盾生物制品有限责任公司	PD20101413	嘧啶核苷类抗菌素	6%	水剂	2010.04.26	2015.04.26
浙江桐庐汇丰生物科技有限公司	PD20101739	井冈·嘧苷素	3%	水剂	2010.06.28	2015.06.28
江西大农化工有限公司	PD20110621	嘧啶核苷类抗菌素	2%	水剂	2011.06.08	2016.06.08
四川省成都年年丰农化有限公司	PD20110915	苯甲·嘧苷素	2%	水剂	2011.08.22	2016.08.22
陕西标正作物科学有限公司	PD20120669	嘧啶核苷类抗菌素	4%	水剂	2012.04.18	2017.04.18
浙江桐庐汇丰生物科技有限公司	PD20120865	嘧啶核苷类抗菌素	6%	水剂	2012.05.23	2017.05.23
浙江桐庐汇丰生物科技有限公司	PD20121999	嘧啶核苷类抗菌素	4%	水剂	2012.12.19	2017.12.19

5. 抗生素农药: 生产厂家 135 家, 登记原药 14 种; 登记产品 192 种 (截至 2014 年 6 月)

生产厂家	登记证号	登记名称	总含量	制剂	有效起始日	有效截止日
陕西绿盾生物制品有限公司	PD20122104	嘧啶核苷类抗菌素	12%	可湿性粉剂	2012.12.26	2017.12.26
安徽省合肥福瑞德生物化工厂	PD20130329	嘧啶核苷类抗菌素	2%	水剂	2013.03.05	2018.03.05
陕西绿盾生物制品有限公司	PD20131677	嘧啶核苷类抗菌素	10%	可湿性粉剂	2013.08.07	2018.08.07
福建凯立生物制品有限公司	PD20140840	嘧啶核苷类抗菌素	4%	水剂	2014.04.08	2019.04.08
安徽扬子化工有限公司	PD86110	嘧啶核苷类抗菌素	2%, 4%	水剂	2011.10.16	2016.10.16
成都西部爱地作物科学有限公司	PD86110-10	嘧啶核苷类抗菌素	4%	水剂	2013.03.12	2018.03.12
陕西绿盾生物制品有限公司	PD86110-11	嘧啶核苷类抗菌素	4%	水剂	2011.10.15	2016.10.15
陕西绿盾生物制品有限公司	PD86110-3	嘧啶核苷类抗菌素	2%	水剂	2011.10.15	2016.10.15
武汉科诺生物科技股份有限公司	PD86110-4	嘧啶核苷类抗菌素	2%, 4%	水剂	2011.11.28	2016.11.28
成都西部爱地作物科学有限公司	PD86110-5	嘧啶核苷类抗菌素	2%	水剂	2011.01.05	2016.01.05
上海威敌生化 (南昌) 有限公司	PD86110-8	嘧啶核苷类抗菌素	2%	水剂	2010.06.20	2015.06.20
上海威敌生化 (南昌) 有限公司	PD86110-9	嘧啶核苷类抗菌素	4%	水剂	2010.06.20	2015.06.20
辽宁省沈阳红旗林药有限公司	LS20130363	嘧肽·多抗	1.8%	水剂	2014.07.05	2015.07.05
辽宁省沈阳红旗林药有限公司	LS20130414	嘧肽·吗啉胍	5.6%	可湿性粉剂	2014.07.30	2015.07.30

续表

5. 抗生素农药：生产厂家 135 家，登记原药 14 种；登记产品 192 种（截至 2014 年 6 月）

生产厂家	登记证号	登记名称	总含量	制剂	有效起始日	有效截至日
辽宁省沈阳红旗林药有限公司	LLS20130472	嘧肽毒素	2%	水剂	2014.10.17	2015.10.17
德强生物股份有限公司	LS20130509	宁南·嘧菌酯	25%	悬浮剂	2013.12.10	2014.12.10
德强生物股份有限公司	PD20097120	宁南霉素	40%	母药	2009.10.12	2014.10.12
德强生物股份有限公司	PD20097121	宁南霉素	2%	水剂	2009.10.12	2014.10.12
德强生物股份有限公司	PD20097122	宁南霉素	8%	水剂	2009.10.12	2014.10.12
德强生物股份有限公司	PD20110754	宁南霉素	10%	可溶粉剂	2011.07.25	2016.07.25
上海农乐生物制品股份有限公司	PD20110314	申嗪霉素	95%	原药	2011.03.23	2016.03.23
上海农乐生物制品股份有限公司	PD20110315	申嗪霉素	1%	悬浮剂	2011.03.23	2016.03.23
河北三农农用化工有限公司	PD20110315 F130032	申嗪霉素	1%	悬浮剂	2014.05.13	2015.05.13
江西珀尔农作物工程有限公司	PD20121152	申嗪霉素	1%	悬浮剂	2012.07.30	2017.07.30
湖北天泽农作物工程有限公司	PD20131515	申嗪霉素	1%	悬浮剂	2013.07.17	2018.07.17
辽宁微科生物工程有限公司	LS20120408	四霉素	15%	母药	2013.12.19	2014.12.19
辽宁微科生物工程有限公司	LS20120409	四霉素	0.3%	水剂	2013.12.19	2014.12.19
美国陶氏益农公司	PD20120240	乙基多杀菌素	60 克/升	悬浮剂	2012.02.13	2017.02.13

5. 抗生素农药: 生产厂家 135 家, 登记原药 14 种; 登记产品 192 种 (截至 2014 年 6 月)

生产厂家	登记证号	登记名称	总含量	制剂	有效起始日	有效截至日
广东德利生物科技有限公司	PD20120240 F100019	乙基多杀菌素	60 克/升	悬浮剂	2014.07.03	2015.07.03
美国陶氏益农公司	PD20120250	乙基多杀菌素	81.2%	原药	2012.02.13	2017.02.13
浙江海正化工股份有限公司	PD20120410	依维菌素	95%	原药	2012.03.12	2017.03.12
浙江海正化工股份有限公司	PD20120411	依维菌素	0.5%	乳油	2012.03.12	2017.03.12
浙江省杭州庆丰农化有限公司	WL20140003	杀白蚁粉剂	3%	粉剂	2014.01.14	2015.01.14
深圳诺普信农化股份公司	LS20120195	中生·代森锌	46%	可湿性粉剂	2014.06.04	2015.06.04
福建凯立生物制品有限公司	PD20110113	中生菌素	3%	可湿性粉剂	2011.02.14	2016.02.14
福建凯立生物制品有限公司	PD20110121	中生菌素	12%	母药	2011.01.27	2016.01.27
广东省东莞市瑞德丰生物科技有限公司	PD20120264	中生菌素	3%	可湿性粉剂	2012.02.15	2017.02.15
福建凯立生物制品有限公司	PD20120784	苯甲·中生	8%	可湿性粉剂	2012.05.11	2017.05.11
福建凯立生物制品有限公司	PD20120933	中生·多菌灵	53%	可湿性粉剂	2012.06.04	2017.06.04
陕西标正作物科学有限公司	PD20122096	中生菌素	3%	可湿性粉剂	2012.12.26	2017.12.26
山东兆丰年生物科技有限公司	PD20130112	苯甲·中生	8%	可湿性粉剂	2013.01.17	2018.01.17
深圳诺普信农化股份有限公司	PD20130210	中生菌素	3%	可湿性粉剂	2013.01.30	2018.01.30

5. 抗生素农药: 生产厂家 135 家, 登记原药 14 种; 登记产品 192 种 (截至 2014 年 6 月)

生产厂家	登记证号	登记名称	总含量	制剂	有效起始日	有效截至日
山东兆丰年生物科技有限公司	PD20130881	中生菌素	3%	可湿性粉剂	2013.04.25	2018.04.25
广东省东莞瑞德丰生物科技有限公司	PD20131136	苯甲·中生	9%	可湿性粉剂	2013.05.20	2018.05.20
福建凯立生物制品有限公司	PD20131736	烯酰·中生	25%	可湿性粉剂	2013.08.16	2018.08.16
广东省东莞市瑞德丰生物科技有限公司	PD20132197	烯酰·中生	25%	可湿性粉剂	2013.10.29	2018.10.29
青岛星牌作物科学有限公司	PD20132197 F140019	烯酰·中生	25%	可湿性粉剂	2014.05.16	2015.05.16
广东省东莞瑞德丰生物科技有限公司	PD20132207	中生·多菌灵	53%	可湿性粉剂	2013.10.29	2018.10.29
广东省东莞市瑞德丰生物科技有限公司	PD20132516	中生·代森锌	46%	可湿性粉剂	2013.12.16	2018.12.16
深圳诺普信农化股份有限公司	PD20132539	苯甲·中生	16%	可湿性粉剂	2013.12.16	2018.12.16
深圳诺普信农化股份有限公司	PD20140332	甲硫·中生素	52%	可湿性粉剂	2014.02.17	2019.02.17
福建凯立生物制品有限公司	PD20140548	甲硫·中生	52%	可湿性粉剂	2014.03.06	2019.03.06

图 1-1 印楝种核和叶子用于
提取印楝素

图 1-2 苦参的根、茎、果实

图 1-3 鱼藤

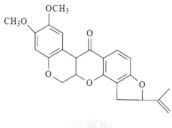

图 1-4 鱼藤杀虫活性成分——
鱼藤酮

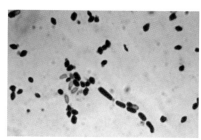

图 2-1 苏云金芽孢杆菌细菌
形态（Bt）

图 2-2 苏云金芽孢杆菌的
伴孢晶体

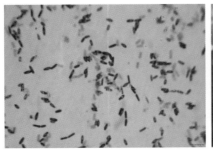

图 2-3 枯草芽孢杆菌细菌
形态（Bs）

图 2-4 枯草芽孢杆菌细菌
菌落（Bs）

图 3-1 蝗绿僵菌
菌落形态

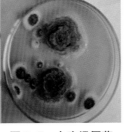

图 3-2 大孢绿僵菌
菌落形态

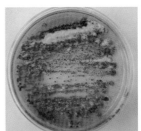

图 3-3 金龟子绿僵菌
菌落形态

图 3-4 球孢白僵菌
菌落形态

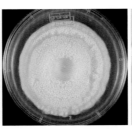

图 3-5 布氏白僵菌
菌落形态

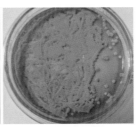

图 3-6 莱氏野村菌
菌落形态

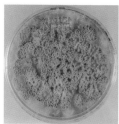

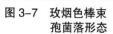

图 3-7 玫烟色棒束
孢菌落形态

图 3-8 蛴螬受绿僵菌感
染形成的僵虫

图 3-9 斜纹夜蛾受
野村菌感染
形成的僵虫

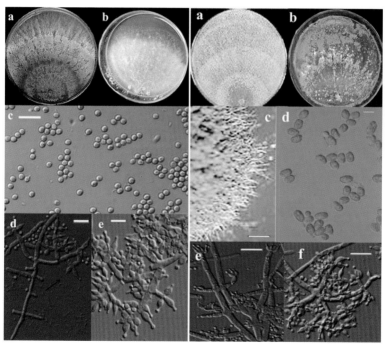

图 3-10 木霉菌中国新记录种（A）交织木霉和（B）子座
木霉菌落和显微形态观察

注：a. PDA 上的菌落形态；b. CMD 上的菌落形态；c. 分生孢子；
d. CMD 上的分生孢子梗和层生瓶梗（箭头所指方向）；e. PDA 上分生孢子
梗和层生瓶梗，标尺：c=5μm；d 和 e = 10μm

GDFS1009　　　CK　　　　　CK　　　ZJSX5003

图 3-11　棘孢木霉

（A）GDFS1009 防治黄瓜枯萎病；（B）ZJSX5003 防治玉米禾谷镰刀菌

昆虫病毒　　　生物防治
和谐生态　　　造福人类

病毒作用机理图

菜青虫颗粒体病毒

病毒装配机制图

茶尺蠖核型多角体病毒

蟑螂浓核病毒

甜菜夜蛾核型多角体病毒

松毛虫质型多角体病毒

棉花铃虫核型多角体病毒

苜蓿银纹夜蛾核型多角体病毒

图 4-1　常见昆虫病毒颗粒形态外形图

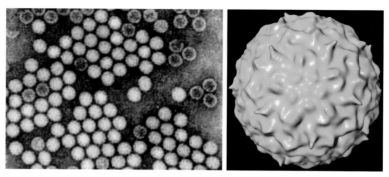

图 4-2 蟑螂脓核病毒电镜照片（左图）和表面结构图（右图）

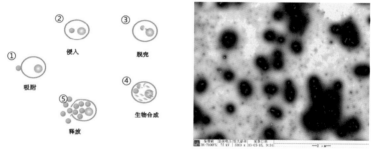

图 4-3 昆虫病毒合成示意图（左图）菜青虫颗粒体病毒电镜照片（右图）

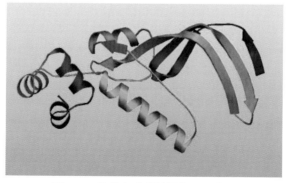

图 6-1 植物免疫激活蛋白登记产品

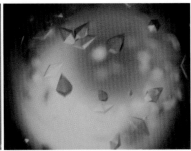

图 6-2 植物激发蛋白晶体

左为健株，中为施药植株，右为空白对照

图 6-3 6% 寡糖·链蛋白复合剂防治水稻病毒病 "普绿通"
对番茄的增产作用

图 7-1 壳寡糖制剂在辣椒上的应用效果图

图 7-2 壳寡糖制剂对苹果早期落叶病防治效果图

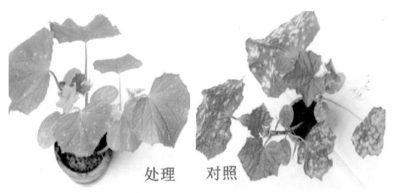

图 7-3 壳寡糖制剂对黄瓜白粉病的防治效果图

图 7-4 壳寡糖制剂在梨树上的应用效果图

图 8-1　螳螂

图 8-2　食蚜蝇

图 8-3　瓢虫

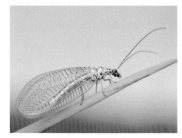

图 8-4　草蛉

图 8-5　蚜茧蜂

图 8-6　姬小蜂

图 8-7　赤眼蜂

图 8-8　蚜小蜂

图 8-9　蚜茧蜂正往蚜虫体内产卵

图 8-10　泥蜂在菜青虫体内产卵

图 8-11　赤眼蜂在害虫卵内产卵

图 8-12　瓢虫取食蚜虫

图 8-13　草蛉幼虫取食害虫

图 8-14　食蚜蝇幼虫取食害虫

图 8-15　小花蝽取食害虫

图 8-16　虎甲取食鳞翅目害虫